如何把握**孩子心理**

（第2版）

王承凯◎编著

中国纺织出版社有限公司

内 容 提 要

孩子是快乐的，但在孩子的成长过程中，也有着各种各样的烦恼，他们不但要面临各种学习压力，还要面临成长过程中遇到的各种生理、心理问题，也被人们称为"成长的烦恼"。

本书针对孩子的性问题、生理问题、行为问题、情绪问题、学习问题、社会交往等方面出现的典型的心理问题做了细致全面的分析，并给出了可操作的解决方案。

图书在版编目（CIP）数据

如何把握孩子心理／王承凯编著. —2版. —北京：中国纺织出版社有限公司，2020.9
ISBN 978-7-5180-7370-2

Ⅰ.①如… Ⅱ.①王… Ⅲ.①青少年心理学 Ⅳ.①B844.2

中国版本图书馆CIP数据核字（2020）第075058号

责任编辑：闫　星　　责任校对：高　涵　　责任印制：储志伟

中国纺织出版社有限公司出版发行
地址：北京市朝阳区百子湾东里A407号楼　邮政编码：100124
销售电话：010—67004422　传真：010—87155801
http://www.c-textilep.com
中国纺织出版社天猫旗舰店
官方微博http://weibo.com/2119887771
三河市延风印装有限公司印刷　各地新华书店经销
2017年1月第1版　2020年9月第2版第1次印刷
开本：880×1230　1/32　印张：6
字数：104千字　定价：39.80元

凡购本书，如有缺页、倒页、脱页，由本社图书营销中心调换

前言

　　我们都知道，家庭对孩子一生的成长是至关重要的，家庭是孩子人生的第一所学校，家长是孩子最重要的启蒙老师。每个家长都望子成龙，望女成凤，然而，在教育孩子的问题上，一些家长显得过于焦躁，孩子一旦出了些什么问题，就乱了方寸，甚至与孩子斗气，以为大声呵斥就能让孩子听话。而实际上，这些父母是否想过：你们要求孩子听话和了解你们的意思，但你们有没有了解过孩子的想法？

　　沟通，要求父母向孩子敞开心扉，要让孩子了解你心里的想法，同时也要倾听孩子内心的声音，互相了解和沟通，才能知道孩子心里到底想什么，"对症下药"才能担任孩子成长路上的导师，帮助孩子健康成长。

　　那么，什么样的沟通才是有效的？在考虑这一问题之前，我们不妨先反思一下：您是否唠叨？您与孩子的话题是否永远都是学习、听话？您是不是经常暗示孩子一定要考上大学？您是否发现，孩子越来越不愿意和你交流？您的孩子是不是觉得你越来越"土"？之所以要求我们反思，是因为孩子在长大，或多或少会表现出逆反心理，我们越是要求他们，他们越不听。最好的方法是改变我们自己的做法，打开与孩子交流之门，缩短与孩子心灵的距离。

　　我们不能否认，每一个孩子都是伴随着问题成长的。面对

孩子的一些错误的行为，很多家长一直沿袭传统的教育方式——打压式，和孩子斗气，企图将孩子的错误行为和观念遏制住。然而，实际上，这种方式多半是无效或是适得其反的。因为如果我们总是运用严厉的方式教育孩子，或者苦口婆心地劝说，久而久之，孩子一定会排斥你，孩子也只会对我们的管教感到厌烦，除了躲着我们，他们还能怎样？我们不得不承认，现在不少孩子身上出现的毛病，诸如顶撞父母、撒谎、自私等，都是父母简单粗暴的教育方式带来的结果。如果我们不能摆正心态、心平气和地与孩子沟通，孩子势必也会气急败坏，最终，不但不能达到我们的教育目的，反而激化了亲子间的矛盾，孩子也不愿意与你沟通了。

其实，孩子的成长过程中，不仅有快乐，还有烦恼，他们要面临各种学习压力，还要面对来自社会的各种诱惑，会出现各种心理问题。作为父母，如果我们不了解他们的成长困惑，不掌握一些打开孩子心门的方法的话，那么，我们便很容易陷入"孩子冲动叛逆，父母气急败坏"的教育困境。这些给父母的警示是，我们应该学会把握孩子的心理。

总之，家庭教育不是一门简单的学问，需要认真对待。家庭教育的关键在家长，家长的方法和态度直接决定了能否和孩子融洽相处，能否使孩子顺利、健康、快乐地成长。

编著者

2020年3月

目录

第一章

了解孩子的心理特征: 解析孩子的怪异行为

生活中，我们经常听到有些家长抱怨自己的孩子有一些怪异行为，比如：为什么我的儿子现在就喜欢与我对着干？原本乖巧的孩子怎么学会了撒谎和偷窃？孩子总是调皮捣蛋怎么办？说到底，这都是孩子在成长过程中出现的一些心理偏差导致的，我们父母要通过孩子表面的行为去分析其背后的心理，要了解孩子成长的特点和心理特征，只有这样，才能从根本上解决孩子在成长中遇到的问题，才能引导孩子身心健康地成长！

一、平静对待总是与父母对着干的孩子

在某中学的一次家长会上，很多家长纷纷提出，孩子上了学之后脾气就变坏了，父母的话根本听不进去，甚至还公然和父母对抗。

"女儿以前读幼儿园时很懂事乖巧，叫她做什么就做什么。自从上了小学就跟变了一个人似的，老说我唠叨，多说一句就厌烦我，摔门走开。我为她做了这么多，还不领情！"

"儿子 13 岁，年前还是个很听话的孩子，过完春节就不行了，学习成绩急骤下降，偷着上网吧，作业也不做。我现在处处监督他，可是越管越不听，特逆反，老跟我顶嘴，和我对着干。我让他往东，他往西，吃饭时，我让他多吃蔬菜，他就是要吃肉，我让他买绿颜色的衣服，他就是要买黄颜色的，反正总是犯倔，求他也不是，骂他打他也不是。我没招了！"

心理导读 ◆◆◆

可能不少父母都和故事中的家长有一样的困惑，为什么孩子小时候那么听话，一上了学好像就变得特别拧吧，为什么现在的脾气这么大，为什么总是要与自己对着干？到底是什么原因？

教育心理学家称，人生的第一个反抗期出现在3～4岁。从心理成长的角度来说，孩子在3岁之前，是与父母处于一体的状态，但在3岁以后，他们的大脑皮层快速发育，语言、运动能力大大提高，渐渐能够区分自己与环境的不同，所以，此时他们开始希望自己能独立行动，如果家长处处管着他们，他们便开始反抗，从而事事与父母对着干。

其实，作为父母，我们要用心去感受孩子成长的变化，来合理地引导孩子。好的教育是让自己的教育方式适应孩子，而不是让孩子来适应你的教育方式。也不要认为在孩子小时候你所给予的教育方式是正确的，毕竟那个时候的孩子很小，无法反抗和拒绝父母，而现在，长大的孩子已经懂得了如何说不，敢于违抗父母的意思了，而此时的家长突然不知道如何是好了……

的确，可怜天下父母心，所有的父母都认为自己爱孩子，但却不知道怎样教育孩子，一味地训斥孩子只会让孩子更加逆反，其实我们要从孩子的成长特点和心理变化着手，如果孩子总是和我们对着干，我们最好这样做：

专家建议 ●●●

建议1　把命令改为商量

父母不要对孩子的事情做出武断性决策，要尊重他："你是怎么认为的呢？你打算如何处理呢？你打算什么时候开始做呢？"当你知道他的观点、实施方法、实施时间后，进行判断，对不正确的部分要以研究探讨的语气和他交流："我认为那样做可能会出现不理想的状况，比如……你认为妈妈的意见对吗？"

孩子是聪明的，有判断力的。如果你的话有道理，孩子也是会采纳你的建议的。同时，交流会越来越多，亲子关系更好。

再比如，孩子想周末去朋友家玩，你可以和孩子商量，让其和更多的孩子去交往，但一定要讲究原则，比如你去的地方要告知家长，你什么时候回，都有哪些人，玩多长时间。如果孩子要求在朋友家住，你要告诉孩子不行，如果晚了，爸爸妈妈可以去接你，那样爸爸妈妈不会担心。支持他，同时也告知不能破坏原则。给孩子一个空间，让他自己去体验，去成长。家长只有永远是孩子的后盾，是支持者和帮助者，才不会让孩子离自己越来越远，才会让孩子幸福快乐地成长。

以商量的方式去解决问题，即使商量失败，但感情氛围会增强，有利于以后的沟通。家长经常的错误是，当前问题没解决，还破坏了感情气氛，阻断了感情沟通，失去今后解决问题的机会。

建议2　不妨让孩子吃点"苦头"

这个阶段正是孩子形成主见的关键时期，小错肯定难免，所以，家长应该允许孩子犯一点错、吃点亏，不要过分束缚孩子的手脚。

举个很简单的例子，如果你的儿子"要风度不要温度"，

寒冬腊月坚决不穿毛衣，如果商谈没成功，不用着急，让他挨冻一次没关系，真感冒了，他会明白你的意图，至少以后会考虑你的意见。

总之，在教育孩子这一问题上，支持要比压制好，商量要比命令好，另外，只要孩子的想法合理，就要给予支持！

二、让诚实守信代替孩子的撒谎成"性"

小东一直是个乖巧的孩子，可是，升入初中后的他居然挨了爸爸的一次打，这是怎么一回事呢？

那天下午，他的父母在观看画展时，巧遇小东的班主任江老师，和他谈起小东的学习，自然涉及刚刚考过的期中考试。江老师说："小东这次成绩不太理想，只考了第九名。"他爸爸说："听小东说，好像是第三名，从成绩上推算也应是第三名。"江老师肯定地说是第九名。

看完画展回家，他们问小东这是怎么回事，小东觉得纸包不住火，便把实情告诉了他父母。

原来，在上个学期小东成绩是班内第一。入初二后由于学习松懈，参加活动过多，成绩有些下滑，期中考试仅名列班内第九。可能是由于虚荣心太强，或者怕爸爸、妈妈责怪，于是涂改了物理、地理、生物三科成绩，使总分列班内第三。小东的爸爸由于当时心情激动，狠狠打了小东，对他说："不管考第几名，爸爸、妈妈都不会责怪你，关键是你不诚实，用假成绩哄骗家长，实际上也是自欺欺人，这样的孩子将来怎么能有所成就？"

心理导读 ◆◆◆

涂改成绩对于成长期的孩子来说，涉及他们的人格塑造。

在中国伦理的范畴中，诚，本义为诚实不欺，真实无妄，它包含着对己、对人都要忠诚的双重内涵。诚信作为中华民族几千年积淀下来的传统美德，历来为人们所崇尚。而通常我们认为影响孩子诚信品质发展的因素主要有家庭、学校和社会三个方面。其中影响最大、持续时间最长的当属家庭教育。可见，如何改变孩子撒谎的习惯，使之成为一个诚实的人，教育孩子做诚实的人，是值得我们探讨的问题。

专家建议 ◆◆◆

那么，作为父母，我们该怎样教育初中阶段的孩子诚实守信呢？

建议1　父母要以身作则，不要撒谎

有这样一个笑话：一位爸爸教育孩子："孩子，千万别撒谎，撒谎最可耻。""好的，爸爸，我一定听您的。""哎哟，有人敲门，快说爸爸不在家。"试想，这样教育孩子，孩

子能诚实吗？

美国著名心理学家大卫·艾尔金德认为：要想让孩子有教养，守道德，父母首先必须是一个品德高尚的人。作为父母，不要以为在孩子面前说的是一套，自己做的又是另外一套，而没有被孩子识破，孩子就会表现出诚信的行为。孩子的眼睛是真实的，他们往往会以实际为取舍。因此，我们家长应时刻检点自己的言行，从日常生活中点点滴滴的小事做起，不要撒谎，只有这样，对孩子的诚信教育才会有实效。

建议2　父母要及时地肯定和鼓励孩子诚信的表现

孩子虽然在成长，但毕竟还小，思想和品德都未定型，我们应该抓紧实施诚信教育，时时事事处处都不放过，让他们从小获得一张人生的通行证——诚信。

人人都渴望被肯定，孩子也是这样。为了满足这种需要，他们在与他人交往的时候，一般都会勇于自我表现，善于自我表现，成人在这方面应该创造条件，给予他们积极的诱导。当孩子有了诚信表现之后，父母及时给予肯定，强化诚信的行为效果，不断加深诚信在孩子头脑的印象。日久天长，诚信习惯自然而然就会形成。

建议3　掌握批评的艺术，及时纠正孩子不诚实的行为

孩子说谎，家长往往非常生气："小小年纪，怎么学会了说谎？长大成人后岂不成了骗子！"家长为孩子的不诚实担心是有道理的，但在批评孩子的时候，是要讲究方法的。首先不

要损伤孩子的自尊心。家长要弄清楚孩子不讲诚信的深层次原因，千万不可盲目地批评。在此基础上，还要及时对他进行单独的批评以便抑制不诚信行为继续发生。其次，要让孩子心服口服。不要用粗暴的方式来对待孩子，这无异于把他们推向不诚信的深渊，下次就会编出更大的谎言来骗你。

建议4　和孩子建立真诚和相互信任的关系

你要求孩子说话算数，你首先要说话算数。如果确实无法兑现对孩子的承诺，一定要向孩子解释原因。这样在孩子心里才能对诚信的重要性有一个深刻的印象和理解，也才会信任家长，有什么事、有什么想法都愿意告诉家长。

三、如何帮助孩子克服自私心理

这天，豆豆一家去公园玩，正好碰到舅舅和刚上小学的小表妹也在公园，豆豆妈就跟舅舅聊起天来。

豆豆在一旁玩自己的滑板车，小表妹看着豆豆玩得起劲就要跟他一起玩。

这时豆豆死死地抓住滑板车，说："这个是我的，你不能玩！"于是小表妹就和豆豆拉扯起来。

豆豆妈和舅舅闻声赶了过来，知道了事情原委的豆豆妈很尴尬，对着豆豆说："把滑板车给小妹妹玩会儿，小妹妹回家

了你再玩，不要那么小气。"

舅舅也很不好意思，拉着小表妹告诉她不应该抢别人玩具。

豆豆妈看豆豆没有松手的意思，一把就把滑板车从豆豆那里拿过来，交给了小表妹。

眼看着滑板车被妈妈强行拿走，豆豆一脸委屈，哇的一声哭了起来。

心理导读 ◆◆◆

我们发现，生活中不少孩子有自私心理，他们只知有自己，不知有别人。他们以为自己的欲望都应该得到满足，无需感恩和回报；如果不满足，是当家长的错；至于别人，包括最亲近的父母亲、老师的需要，与他无关，他无须考虑。其实，凡是这种孩子，在他们家里无一不是唯一"核心"。有些父母一直用错误的方式爱着孩子，实行独生子女政策更加剧了这种趋势，于是，社会上出现一种奇怪却非常普遍的现象：孩子成了家里的所谓"小皇帝""小太阳"，家人都宠着他惯着他，在他们心中逐渐形成了自己是"家庭中心"的观念，这些自私的孩子都会有些人格的缺陷，甚至导致他人生的失败：他们因得不到某种满足而耿耿于怀，因此往往痛苦多于欢乐，怨恨多于感动；还可能因为极端自私和狭隘，而成为危害社会危害他人的危险人物。

专家建议 ●●●

亡羊补牢，为时不晚。那么，家长具体应该怎样解决孩子的自私心理问题呢？

建议1　不要溺爱孩子

孩子吃独食，不愿与他人分享，是与爸爸妈妈的溺爱密切相关的。很多爸爸妈妈出于对孩子的爱，把好吃的好玩的全让给孩子，孩子偶尔想和爸爸妈妈分享，爸爸妈妈在感动之余却常说："我们不吃，你自己吃吧。"长此以往就强化了孩子的独享意识，他们理所当然地把好吃的、好玩的据为己有。

建议2　让孩子明白分享不是失去而是互利

孩子之所以不愿与人分享，是因为他觉得，分享就是失去。爸爸妈妈应该理解孩子这种难以割舍的"痛苦"，并让孩子明白，分享其实不是失去，它是一种互利。分享体现了自己对别人的关心与帮助，自己与别人分享了，别人也会回报自己同样的关心与帮助，这样彼此关心、爱护、体贴，大家都会觉得温暖和快乐。

建议3　不能让孩子搞特殊化

在家庭生活中要形成一定的"公平"环境，这对防止孩子滋长"独享"意识有积极的意义。爸爸妈妈还要教育孩子既看到自己也要想到别人，知道自己与其他成员是平等的关系，自己有愿望，别人也一样有愿望，好东西应该大家分享，不能只

顾自己不顾别人。

建议4　给孩子分享的实践机会

经常让孩子与小朋友开展生动有趣的活动。孩子与小朋友们共同活动，共同分享活动的快乐。另外，应善于创造孩子为爸爸妈妈服务的机会，如家里买了水果、糕点时，让孩子进行分配，如果孩子分配得合理，就及时表扬。

建议5　自己为孩子树立榜样

爸爸妈妈要做与人分享的模范，经常主动地关心帮助他人，如帮助孤寡老人、给灾区人民捐衣送物等。

无数事实说明：骄纵败子。不少人人生失败的原因，不在于别人，全是因为娇惯溺爱他的父母，因此，父母应该让孩子经历生活的磨炼，懂得感恩，懂得爱别人，让孩子拥有健全的人格，这是教育孩子的根本！

四、如何让孩子改掉"贼"性

刘先生家境不错，儿子的零花钱也一直不缺，但最近，他却被叫到了警察局，原来是儿子偷东西了，为什么会这样呢？事情是这样的：

有一次，刘杰到好朋友小伟家去玩，发现小伟家有一架很逼真的玩具望远镜。刘杰想知道这架望远镜究竟能看多远，就向小伟请求借来玩玩，没想到小伟很小气，不答应。刘杰很生气，就想故意偷走这架望远镜，好让小伟着急。果然，找不到望远镜的小伟像热锅上的蚂蚁，刘杰这下子得意了。

从那次之后，刘杰就产生了一种很奇怪的心理，他觉得偷别人的东西，能获得一种快感，班上很多同学的文具都被他偷过。而这次，他在逛超市时，因控制不住自己，从货架上偷拿一些并不贵重的物品，他刚准备把它们放在不易被发现的地方带回家，就被超市老板抓住了。

心理导读 ◆◆◆

像刘杰这样的青少年并不多，但却很有代表性。实际上，一些孩子偷别人的东西，并没有什么明显的目的，有时纯粹是为了给别人造成困难而获得快感。如盗窃经济价值不大的物品，有的只是把窃得的东西扔掉、损毁或随便送人，这些行为让父母很是头疼。

心理学家对那些有过偷盗行为的孩子进行了调查，他们发现，这些孩子多半都有一些共同的经历：学习压力大，和父母、老师关系不好，没有可以交心的朋友，喜欢上了一个异性却被拒绝。这些都让他们产生了想偷东西的念头。

其实，每个孩子都想成为同龄人中的佼佼者，成为爸妈、老师的骄傲，可事实上，不是每一个孩子都能做到，于是，他们感到自己被人忽视了，干脆沉沦堕落；也有一些孩子，成绩

优秀，但每一次优秀成绩的取得，都是经历了心灵的煎熬，正因为他们备受瞩目，所以他们很累，于是，想放纵的想法就在心里蠢蠢欲动，他们更羡慕那些不用考试、不用面对老师和家长严肃面孔的男孩，很快，他们尝试着抛开一切，放松学习，放纵自己。

专家建议 ●●●

孩子在进入学校学习后，都是聪慧的，但是他们也处于身心发展时期，他们的心理发展和生理发育往往不同步，具有半成熟、半幼稚、叛逆等特点。因而，在他们心理素质发展的关键阶段，应当引起父母者的重视，对不良行为的孩子既不能生硬批评，引发他们的叛逆情绪，也不能任其发展，让他们走入歧途。如果你的孩子有偷盗行为，在教育的过程中，你需要注意：

建议1 孩子有偷窃行为，绝不能打骂

孩子偷了东西，并不代表孩子就是真的"坏孩子"，更不能给孩子贴标签，但是绝不能放任不管。

为此，如果你确定孩子真的偷了东西，那么，首先要帮助孩子将事情的影响化到最小。有的家长认为只有"打"才是改正"偷窃"行为的最好对策。其实错了，打得厉害，疏远了父母与孩子之间的感情，他会感到更孤独，得不到家庭的温暖，甚至不敢回家，流浪在外，与社会上的浪子交往，被他们所利用，最后走入歧途，甚至会触犯法律受到制裁。

建议2　细心观察，防患于未然

日常生活中，我们一定要随时观察孩子的思想动向，如果孩子的零花钱突然多了，我们一定要引起重视，因为这意味着你的孩子可能偷东西了。然后，我们要仔细排查可能出现的情况，不管运用什么方法，其目的只有一个：动之以情，让孩子承认错误，但不能伤害他们的自尊心，如果事态的发展允许对他们的错误行为进行保密，那么，一定要坚守诺言。否则就失去了再一次教育他们的机会，他们再也不会相信你。

建议3　培养孩子的是非观点，让孩子知道偷东西可耻

也许你从前已经教育孩子要知道什么是是非，但孩子毕竟是孩子，他们极其容易受到影响甚至改变，因此，作为父母，我们一定要经常对孩子进行一些是非观念的培养，要让孩子知道偷东西是可耻的，也不允许同样的事再次发生。对这类孩子进行矫治，必须先从帮助他们形成正确的是非观念，增强是非感开始。

总之，如果你发现你的孩子偷了东西，切不可急躁，既要批评，又要耐心说服，使孩子受到教育，感到内疚，才会自觉改正！

五、如何培养出文明礼貌的"小绅士"

午休时间，爱听歌的王刚一边走路一边看手机上的歌词，耳朵里还塞着耳机，一边哼着歌一边摇着头，就这样，两人撞

在一起。

姚亮斜睨了王刚一眼，怪声怪气地说："好狗不挡道。"

王刚瞪大眼睛，气愤地回应："你！没长眼啊？"

姚亮嗓门也很高："你才没长眼呢！"

王刚更是扯着嗓子喊："你眼瞎了啊！"

姚亮向前一步嚷道："你才瞎了呢！"

两个人脸红脖子粗，谁也不肯道歉，最终动起手来，姚亮把王刚打伤了。看着受伤的王刚，姚亮后悔不已，吓得不知道该怎么办才好。老师还把他的父母请到学校来了，姚亮的爸爸妈妈很通情达理，并没有指责儿子，看着委屈的儿子，他们反倒安慰起来。

"爸妈，我该怎么办呢？帮帮我吧！"

妈妈问姚亮："孩子，你真的知道自己错了吗？以后再发生这样的事情你知道该怎么做吗？"姚亮忙不迭地点头。

"那你跟妈妈说说你该怎么做？"妈妈问姚亮。

"要注意礼貌，撞到别人，要说'对不起'，而不是出口成脏。"姚亮对妈妈说。妈妈听完，高兴地点点头。

心理导读 ◆◆◆

姚亮和王刚之间引起矛盾并且最终大打出手，主要就是因为几句脏话，可见，是否文明礼貌直接关系到孩子的人际交往。

也许，在孩子还小的时候，无论是老师还是父母都嘱咐孩子要文明礼貌，不能讲脏话，但是随着孩子年纪的增长，转而把眼光都放在了孩子的学习上，而事实上，孩子是需要全面发展的，这也是素质教育的宗旨。要知道，一个满嘴脏话的人，无论是生活、工作还是学习，是无法获得他人的尊重的，也不易获得友谊和自信，因此往往缺乏幸福感。要想使孩子成长为有所作为的人，父母就应教孩子从小懂礼貌、讲文明。

专家建议 ●●●

如果你的孩子总是说脏话，那么，你需要从以下几个方面来引导他：

建议1　分析脏话的内容，告诉孩子，说脏话是不对的

父母在听到自己的孩子说脏话时，不要显得惊慌失措，也不要气急败坏地责骂，更不能置之不理，要冷静，蹲下来，严肃而不凶悍，以和缓的语气和孩子说话。例如：

"孩子，你刚才说的那句话，用的词汇很不好，你知道我说的是哪个词汇吗？"

"你不能说这个词语，知道吗？"

"你是孩子，你说了，别人会说你不懂说话，说你学习不好，看不起你！"

"你愿意让别人看不起吗？"

"那么，你应该怎么说？说给妈妈听。"

"对啦！这样说才是好孩子。"

家长最难做到的就是"不生气"。你生气，孩子就听不进你说的话了。而另外一些家长则喜欢和孩子说大道理，让孩子不耐烦，反而失去教育的功效。

建议2 以身作则，杜绝孩子学习脏话的来源

生活中大多数情况是这样的，大人有时也会语出不雅，但都习以为常，不会觉得有什么异常。而脏话从孩子嘴里说出来，就特别刺耳，要是他们在大庭广众冒出些脏话，父母更是想找个地洞钻下去，其实，家长也应该拒绝脏话，这样，在家里建立互相监督的制度，如果父母不小心在孩子面前说了不文明的词句时，一定要向孩子承认错误，以加深他不能说脏话的印象。

建议3 教孩子一些初步的礼仪知识

家长应该从小教导孩子学习一些礼仪知识，这也是文明行为，包括见面或分手时打招呼、握手，与人交谈时眼神、体态和表情要体现出对对方的尊重，久而久之，孩子就会认识到说脏话是一种不礼貌的行为，就会努力改正。

总之，满嘴脏话是一种不良的行为习惯，是有失礼仪的表现，孩子不懂得尊重他人，在人际交往之中就会产生许多摩擦，也会失去许多朋友和机会，父母在关心孩子成绩的同时，绝不可忽视这一点。

第二章

关注孩子的不良情绪：维护孩子的心理健康

我们知道，积极的情绪体验能够激发人体的潜能，使其保持旺盛的体力和精力，维护心理健康；消极的情绪体验只能使人意志消沉，有害身心健康，甚至会导致严重的心理问题。对于我们的孩子来说也是如此。然而，随着孩子逐渐长大，很多父母只知道为孩子增加丰富的食物营养，却不太注意这个时期的孩子内心世界的变化和需要，对于孩子多变的情绪，也不甚理解，这导致孩子最终与自己的距离越来越远，也会很容易产生父母子女关系的对抗，很多孩子发出感叹："为什么爸妈不理解我？"为此，我们父母要明白，孩子毕竟是孩子，我们要帮助孩子认识并控制自己的情绪，只有这样，我们的孩子才能始终保持稳定的情绪！

一、帮助孩子疏通心里的烦恼

这天，儿子放学回家，进门就嚷："妈，从明天开始，我不去学校了，你别劝我!"

如果平时孩子的爸爸在家，一定要严厉地训斥他。但妈妈却是个温和的人，她知道儿子肯定是受了什么委屈。

"为什么不去呢？"

"没什么，感觉不大舒服。"

"不舒服，哪里不舒服？怎么不早点请假回来呢？"

"不想耽误学习啊，你别问了，反正我不去。"其实，妈妈是聪明的，儿子说话这么有力气，怎么会身体不舒服，一定另有隐情。

"可是，今天不舒服，明天不一定不舒服啊，要不，妈妈带你去医院吧。"妈妈在说这话的时候，故意露出一点笑容，儿子明白，妈妈看出端倪了，于是，他只好说："妈，你儿子是不是很没用啊？"

"怎么这么说，我儿子一直是最棒的，有最棒的体格，最棒的学习接受能力，待人温和，还疼妈妈。"

听到妈妈这么说，儿子笑了，主动招出了今天遇到的事："妈，今天老师叫我们写一篇作文，我拼错了一个字，老师就

嘲笑了我一番，结果同学们都笑我，真没面子！"

此时，妈妈没有说话，只是搂着伤心的儿子。儿子沉默了几分钟，从妈妈怀中站了起来，平静地说："谢谢你听我说这些事，我要去公园了，同学们还等着我呢。"

心理导读 ◆◆◆

从这个故事中，我们看到了一对母子间的和谐关系。可见，亲子关系和谐的家庭，父母一定是懂得随时关注孩子的情绪的，当孩子出现了烦恼时，他们总是能成为孩子的知心朋友。

作为父母，我们也知道，学生最主要的任务就是学习。孩子在小的时候是无忧无虑、天真无邪的，进入学校学习后，他们有了学习任务，尤其是进入中学的孩子，学习任务急剧加重。并且，他们的身体在急剧地成长，他们的情绪、心理都随之发生了很大的变化，他们认为自己已经是成人，这都让他们产生很多的烦恼。而如果不理解孩子，总是认为孩子封闭内心是孩子的错，或者用粗暴的方式干涉，那么，只能让孩子更疏离你。

专家建议 ◆◆◆

要帮助孩子疏解成长中的烦恼，我们一定要体谅孩子的情绪，让孩子畅所欲言。具体来说，家长要做到：

建议1　理解、信任你的孩子，查找孩子烦恼产生的原因

可怜天下父母心，每个父母都是爱孩子的，但教育的结果却完全不同，为什么有的家长能跟孩子和谐相处，情同知己，有的却水火不容、形同陌路。这就是教育方法的不同所带来的，作为父母，首先就要了解你的孩子，关注孩子的成长过程，你要了解孩子烦恼产生的来源，只有这样，才能对症下药，帮助孩子解决烦恼。

建议2　适当"讨好"一下你的孩子，缩短彼此间的心理距离

当然，这里的"讨好"并不具备任何功利的目的，而是为了加强亲子关系，父母亲应该偶尔赞扬一下你的孩子，或者带孩子出去散散心等，让孩子感受到家庭的温暖，彼此间的心理距离就拉近了。那么，孩子自然愿意向你倾诉了。

建议3　不要总是压制孩子表达自己的想法

任何父母，都希望自己的孩子把自己当朋友，对自己倾吐成长中的烦恼与快乐，然而，孩子越大越难与他们沟通？这是很多父母共同的感受。这是由什么造成的呢？其实，孩子也想对父母说实话，只是很多父母总是端着家长的架子，甚至压制孩子的想法，孩子又怎么愿意与你沟通呢？因此，聪明的父母都会引导孩子发表自己的意见，让孩子畅所欲言。

建议4　尊重孩子，平等交流

家长要学会跟孩子聊天，不要认为孩子的世界很幼稚，对孩子的话题不感兴趣，不论孩子说什么，最好表现出很感兴趣，这样孩子才有跟你交谈的欲望。

望子成龙、望女成凤的家长们，在日常生活中，如果你发现你的孩子满脸愁容，那么你就要考虑下自己的孩子是否在为某件事烦心，此时，你要从理解孩子，尊重孩子的角度，做孩子的朋友，或许他会对你敞开心扉！

二、教孩子平息怒气

一天，欧太太正上着班，就被儿子老师的一个电话叫到学校，原来是儿子在学校闯祸了，可是令她不解的是，儿子一直很乖，连和人大声说句话都不敢，怎么会闯祸呢？

匆匆忙忙赶到学校，才问清楚情况：原来是班上有些男生挑事，说欧太太的儿子小强是"胆小鬼"。老师告诉欧太太，班上传言，小强喜欢某个女生，但一直不敢说，这些男生知道后，就拿这件事嘲笑小强。而小强则因为这件事很生气，于是大打出手，身材高大的他把这几个男生都打得鼻青脸肿。

"我的孩子怎么了？"欧太太很是不解。

心理导读 ◆◆◆

一向乖巧的小强怎么会突然这么容易被激怒而向同学大打出手？日常生活中，如果我们被人叫作"胆小鬼"，兴许我们会生气，但绝不会因为情绪太过激动而做出一些伤人害己的事。

当然，案例中，很明显，小强出手打人还因为其内心承受能力差，当同学嘲笑其是胆小鬼时，一时激动的他便控制不住自己的情绪。

其实，心理承受能力关乎一个青春期孩子的成长状况，一个心理承受力强的孩子，情绪稳定，意志顽强，积极进取，他敢于冒险，乐于尝试新鲜陌生的领域，面对挫折和变化也能保持乐观，百折不挠，越战越勇。而一个心理承受力弱的孩子，会表现得退缩，耐性差，懦弱，焦虑和自卑，面对困难他缺乏坚持，面对自己不熟悉不擅长的领域，他宁可不做，因为不做就不会输。

因此，帮助青春期孩子疏导情绪，强化孩子的心理承受能力，是父母给予孩子受益一生的珍贵礼物。

专家建议 ●●●

建议1　告诉孩子发火前长呼三口气

你要告诉孩子："发火前长呼三口气。"事实上，很多事情都没有想象得那么严重。如果不学着控制自己的情绪，任着性子大发脾气，不仅解决不了问题，还会伤了和气。

建议2　告诫孩子学会正确地宣泄自己的情绪

孩子毕竟是孩子，他们的心理是脆弱的、敏感的、容易受伤的，他们也会悲伤沮丧，此时，你可以告诉他，不妨哭出声来。你要告诉他，一个坚强的人并不是始终不能哭，在过度

痛苦和悲伤时，哭也不失为一种排解不良情绪的有效办法。哭不仅可以释放身体内的毒素，还能释放能量，调整机体平衡。在亲人和挚友面前痛哭，是一种真实感情的爆发，大哭一场，痛苦和悲伤的情绪就减少了许多，心情就会痛快多了。流眼泪并非懦弱的表示。所以你可以告诉男孩，你该哭当哭，该笑当笑，但要把握好一个度，否则会走向反面。

建议3　"事件"结束后，帮助孩子正确梳理情绪

等"事件"结束，心情基本平定的后，再帮助孩子做自我反省，就能较理性，客观地看待分析；反省的另一层意义是，再一次经历当时的情绪波动，但脱离了"现场"，那么情绪压力再一次释放的同时也得到缓解。

总之，孩子的心理承受能力与我们大人不同，一些小事都可能引起他们的过激行为。我们要在平时管教孩子时，多注意他们的心理健康教育，并帮助孩子认识自己的情绪、管理自己的情绪，让其保持稳定的心境！

三、别让挫折打垮孩子

印度前总理甘地夫人，不仅是一位非常杰出的政治领袖，更是一位好母亲、好老师。在她教育儿子拉吉夫的过程中，曾有这样一次经历：

在拉吉夫12岁的时候，他生了一场大病，医生建议他做手术。手术前，医生和甘地夫人商量术前的一些事，医生认为可以通过说一些安慰的话来让拉吉夫轻松面对手术，比如，可以告诉拉吉夫"手术并不痛苦，也不用害怕"等。然而，甘地夫人却认为，拉吉夫已经12岁了，应该学会独立面对了。于是，当拉吉夫被推进手术室前，她告诉拉吉夫："可爱的小拉吉夫，手术后你有几天会相当痛苦，这种痛苦是谁也不能代替的，哭泣或喊叫都不能减轻痛苦，可能还会引起头痛，所以，你必须勇敢地承受它。"

手术后，拉吉夫没有哭，也没有叫苦，他勇敢地忍受了这一切。

心理导读 ◆◆◆

关于孩子的教育，甘地夫人有自己的心得，她认为，生活本来就不是一帆风顺的，有阳光就有阴霾，孩子在成长的过程中，有快乐，也就会有坎坷。而一个个性健全的孩子就是要接受生活赐予的种种，这样，才能从容不迫地应对未来生活的各种变化。这就是人们常说的甘地夫人法则。

同样，对于人格、品质都处于形成期的孩子来说，挫折教育也必不可少。无论我们对孩子的期望有多大，希望孩子将来从事什么样的职业，当下我们都应该帮助孩子学会如何面对挫折和困难，而不应该一味地宠溺孩子，不让孩子经受一点风

浪，这看似是爱孩子，实际上是害孩子，只能让他们长大后陷于平庸和无能。

专家建议 •••

我们父母在生活中培养孩子的抗挫折能力很有必要，为此，我们需要从以下几个方面努力：

建议1　父母的心态影响到孩子的心态

作为父母，我们也是孩子的老师。父母如何对待人生的挫折，首先是对父母人生态度的一个考验，其次是对孩子有何种影响。

如果我们在挫折面前积极乐观，把挫折看成一个人生的新契机，那么孩子在我们家长的影响下，也会直面人生的各种挫折，以积极的心态去迎接各种挑战。反过来，如果我们在挫折面前消极悲观，回避现实，那么只能降低自己在孩子心目中的威信，更不利于教育孩子正视挫折。

建议2　放手让孩子自己去经历挫折，而不是包办孩子的一切

人生之路，谁都不会事事顺心，有掌声也有挫折，有阳光明媚，也有风雨交加。人往往挫折坎坷比平坦之路更多。我们的孩子还小，将来还要面对复杂多变的社会，所以，我们要从小让孩子学着面对逆境和挫折，绝不能替孩子包办一切，让其失去锻炼机会。

建议3　鼓励孩子勇敢面对

孩子在任何时候，都需要父母的支持，挫折发生时，鼓励

孩子冷静分析，沉着应对，找到解决挫折的有效办法。平常和孩子一起探索战胜挫折、克服消极心理的有效方法，帮助孩子进行自我排解，自我疏导，从而将消极情绪转化为积极情绪，增添战胜挫折的勇气。在父母鼓励下战胜挫折的孩子，定能学会抵抗挫折，他们就会成为一个在人生路上不断前行的勇者。

总之，作为父母，要让孩子明白，人生路上，免不了挫折，如果我们希望孩子能在未来社会独当一面，能成为一个敢于面对逆境和挫折的人，就要让孩子从现在开始就从容面对，而不是无奈逃避。让孩子明白挫折是生活的一部分，学会正确地看待挫折，孩子才能更快地成长、成熟，将来才会更好地把握自己的人生！

四、别让消极占据孩子的内心

市里最近要举办一个青少年小提琴大赛，黄女士听到这个消息后，就给女儿报了名，她相信，女儿一定能拿到奖项，因为女儿从小拉琴，一直是学校最好的文艺生。但奇怪的是，就在比赛即将开始的前一天晚上，女儿对黄女士说："妈妈，我不想参加了。"

"为什么？"

"因为我知道我肯定会让你丢脸，还不如不参加。"

"你怎么这么不自信？"黄女士有点生气了。

"因为你经常说我没用，如果这次没拿奖，你肯定又会这么说。"听完女儿的话，黄女士若有所思，难道都是我的错？

心理导读 ◆◆◆

很多人会问："对人一生产生影响力的因素中，谁的作用最大？"毋庸置疑一定是父母。这个案例再次证明了这一点：为什么黄女士的女儿面对比赛十分消极？黄女士经常否定性的暗示让女儿认为自己"一定做不到"。有美国情感纪录片显示，一位父亲无意中的一句话，不仅影响了其女儿在青春期的审美观形成，还直接影响其婚姻质量。上海青少年心理研究所专家支招：无论是表扬还是批评，父母一定要选择得当的话语，其作用可能真的影响孩子一辈子。

孩子毕竟是孩子，他们会不自信、胆怯甚至自我否定，可以说，都和家庭教育有一定的关联。常常听到家长说："你看某某的学习多么自觉，从来不要父母操心的，你为什么就这么让人不省心。我想了好多办法，花了大价钱请了家教，你的成绩怎么还是上不去？"亲子关系研究者认为，即便是出于事实的抱怨，家长的态度会让孩子相当敏感。久而久之，他们便会认为自己"真的没用"，或者变得消极、胆怯等。

有少数孩子能在打击中越挫越勇，最后建立优秀品质，但是大部分孩子可能都达不到我们想要获得的目的，长期接受父母未过滤、筛选的直白抱怨，尤其是针对自己的这些消极评价，对于培养他们的自信心和自尊心，有点强人所难。一位心理医生非常痛心地讲述他碰到的现象："很多家长为了孩子的问题来找我，当他们绘声绘色地描述着孩子的不良行为时，孩子就站在旁边听着！"这就是很多孩子不自信的原因所在，家长也许可以尝试一下，别时刻摆出一副居高临下的姿态嘲笑或教训孩子，不要小看这些，不自信的基石就是这样奠定的。

那么，作为家长，该如何帮助孩子正确认识自我、树立自信、变得勇敢积极呢？

专家建议 ●●●

建议1　注意你的教育语言

绝对不能对孩子使用的措辞：

"你太笨了。"这句话太伤害孩子自尊了，孩子会按照父母的语言来做自我评估，这样一句话很可能会让孩子变得敏感、自卑、孤僻。

"你为什么就不能够像谁谁。"孩子最讨厌被对比，这是对他们的最大的否定。

"你真不懂事。"本来还在做事就自信不足，需要你的鼓励，但这样一句话反而让孩子更加怯懦了。

……

建议2　可以将批评与肯定结合起来

"你平时的作文写得还不错，可这次的作文却不怎么好。"或"如果你再写上几篇这么糟糕的作文，你的语文就别想得到'良'。"虽然这两个批评所表达的意思是一样的，但前者却比后者易于被人接受。

当孩子缺乏信心或失去信心时，父母可以适时对他说"嗯！做得不错。"或"想必你已用心去做了！"等表示支持的话，就是所谓前段的"感化"，最后再鼓励他："如果能再稍微注意一点，相信下次可以做得更好。"这种积极有建设性的检讨态度，才能使孩子不断进步，更加有自信心去与父母沟通问题，重要的是目标具体明确。

建议3　帮助孩子找到长处

家长应该永远是孩子的坚强后盾，当孩子遭受失败时，我们有责任鼓励他，教会他怎么应付困难。告诉孩子，任何人都有长处和短处，只知道自己的短处而不懂发挥长处是极其不利的。

有些孩子有音乐天赋，有些孩子会绘画，有些孩子能言善辩。干什么并不重要，重要的是如果孩子喜欢，不妨鼓励他发展，谁说爱好不能成为技能呢？为什么这些会重要？因为专注或擅长一件事情能帮助孩子建立自信。

自信对于孩子智力发展影响很大，可是很多孩子在一刀切的教育模式下，在人生刚刚起步的阶段，就已经丧失了自信心。因此，作为父母，我们一定要引起重视，帮助重建信心，正视自己，如此孩子的智力与自信心才能完全的成长。

五、让孩子学会适当排解不良情绪

刘太太是个细心的人，她发现女儿最近好像有点不太一样。在一个周末，还和小时候一样，母女俩又来到公园跑步，停下来休息的时候，刘太太对小菲说："能跟妈妈说说你最近怎么了吗？"

"我们班那个同学，竟然在我背后说我坏话，说的很难听，我又没有对不起她。有一天，我去卫生间，结果她正和几个女生在里面嘀咕，恰好都被我听到了，我就跟她吵了一架，我实在忍无可忍了。"

"那的确是她不对，但小菲，你想想，你这样一天闷闷不乐的，不仅影响学习，对自己身体也不好啊。不妨发泄一下，然后和那同学谈谈，只要她承认自己不对，你们还是朋友啊。"

"那怎么发泄呢？"

"当人际交往中遇到不顺的事时，你应该暂时停止学习，因为这时候学习是没有效率的，心事还会郁结。不妨放松一下，有一些小窍门会起到立竿见影的效果，如深呼吸、绷紧肌肉然后放松、回忆美好的经历、想象大自然美景等，还可以去上网、爬山、聊天、听广播、看电视甚至蒙头大睡，这样既可

以暂时转移注意力，也可以缓解大脑的缺氧状态，提高记忆力。这些方法都可以释放内心的不快。事实上，没有一个人是绝对受欢迎的，你不必太在意的。"

"谢谢妈妈，我知道该怎么做了。"

果然，小菲又和以前一样，脸上总挂着笑脸，学习也有劲儿了。

心理导读 ◆◆◆

的确，在孩子和周围人相处和交往的过程中，难免发生一些不快，产生一些不良情绪。这些不良情绪，一定要找一个发泄的出口，否则，很容易影响身心健康。

专家建议 ◆◆◆

人在精神压抑的时候，如果不寻找发泄机会宣泄情绪，会导致身心受到损害。所以，家长不妨引导孩子采取以下方法发泄自己的情绪：

建议1　宣泄法

比如，在孩子盛怒时，让他赶快跑到其他地方，或找个体力活来干，或者干脆让他跑一圈，这样就能把因盛怒激发出来的能量释放出来。

建议2　倾诉法

当你的孩子心情压抑时，你可以鼓励他倾诉出来。的确，从孩子的角度看，很多时候，让他们困扰的问题在别人看来，根本不是什么严重的事，而这就需要别人的指点，毕竟不同的人对待不同的事情的看法是不同的。你可以鼓励孩子向父母、向朋友或者向其他任何他可以信任的人倾诉。

建议3　转移法

同时，如果孩子不高兴或是遇到了挫折，你可以把他的注意力转移到其他活动上去。例如：当男孩在厨房里吵闹着要玩小刀时，妈妈会把他带到一水池的肥皂泡面前分散他的注意，他很快会安静下来。另外，场景的迅速改变也能达到同样的目的——安静地把孩子从厨房带到房间里去，那里有许多吸引他注意的东西，玩具恐龙、图书都可以让他忘记刚才的不愉快。

再比如，心情不快的时候，也可以让孩子投身大自然中，怡情自然，从而忘掉烦恼。

大自然的景色，能扩大胸怀，愉悦身心，陶冶情操。当孩子融入大自然后，他会发现自然的雄伟，一切不愉快在自然面前度显得渺小，他的心情自然会好很多。到大自然中去走一走，对于调节人的心理活动有很好的效果。

当然，让孩子发泄自己的情绪，并不意味着家长可以忽视孩子那些不正确的行为。过激的情绪，甚至消极情绪都是生活中很平常的，但是伤害和破坏性的行为是绝对不被允许和容忍的。

其实，情绪无所谓对错，只有表现的方式是否能被人接

受。家长在教育孩子的时候，一定要接受孩子的多面性情绪，引导孩子把消极情绪可以转化为积极情绪，唯有正视情绪表达的所有面貌，健康的情绪发展才有可能，唯有能够驾驭自己情绪的孩子，才能够成为有自我控制力的孩子！

第三章

清楚孩子的学习动机：帮助孩子爱上学习

生活中，我们经常听到有些家长抱怨自己的孩子的学习问题：苦口婆心地向孩子灌输学习的重要性，但孩子就是不爱学习；孩子上课时不是做小动作，就是窃窃私语；一回到家就看电视，一写作业就坐立不安；课外作业马虎了事，甚至时常打折扣……说到底，之所以出现这些问题，都是因为我们不了解孩子的学习意图和动机，孩子只有找到自己学习是为了什么，才会为之付诸行动，才有学习的动力。所以，我们要真正了解孩子内心想什么，才能帮助他们端正学习动机，才能让孩子爱上学习、主动学习。

一、如何让厌学的孩子爱上学习

这天，在下班的路上，两位妈妈聊到了孩子的教育问题。

"王姐，最近怎么了，是不是有什么心事？有什么事，我们能帮忙的，就说出来，大家都是同事。"

"不瞒你说，是我女儿小敏，我现在几乎每天下班后的工作，就是把她从娱乐场所拉回来，这孩子，自从上了中学以后，就跟变了一个人似的，小学的时候很爱学习，人家问她以后的理想是什么，她都说是考大学，现在，不知道她在想什么，和小时候判若两人。对了，听说你家菲菲很爱学习，成绩很优异呢，你是怎么教育孩子的？"

"现在的女孩儿啊，一旦到了青春期，是很容易产生一些问题的，尤其是厌学，还有抵触情绪呢。其实，学习越来越紧张，她们也很有很大的压力。"

"我知道，可是小敏根本不愿意学习，哎，真不知道这孩子怎么办。"

心理导读 ◆◆◆

像小敏一样，学生不爱学习的现象并不少见，但随着社会竞争的日益激烈，每个孩子都必须要掌握知识。正是因为如

此，不少孩子由天真无邪的童年开始进入背负压力的学生期，久而久之，他们似乎已经不再是为自己读书，而是为父母，除了每天紧张的学习外，他们还要面临残酷的学习竞争，一场场考试、一次次排名，又一场场的考试，把他们压得喘不过起来，久而久之，他们开始产生厌学的情绪。其实，缓解孩子的学习压力是个社会性问题，需要全社会的共同努力，但是做家长的负有最直接的责任。为了孩子的健康成长，每一个家长都要格外精心和努力。

专家建议 •••

作为父母，我们要从以下方面努力：

建议1　要下大气力解决孩子的学习动机问题

学习动机是孩子学习的根本动力，只有随着年龄的增长，不断地明确认识到学习目的中社会性意义的内容，孩子的学习才会有持久的动力。

一些家长爱用"将来没饭吃""不读书一辈子干苦力"等话数落孩子，既没有给孩子讲道理，又没有直接激发孩子的具体实例，往往不起任何作用。

其实，兴趣才是最好的老师，孩子的学习也是如此，只有让孩子真的爱上学习，他们才能化压力为动力，因此家长要注意经常鼓励孩子，想办法激发他的兴趣，并潜移默化地向他灌输社会性理想，帮助他将目光投向社会、世界和未来。

比如，孩子原来对课本学习不感兴趣，上课随便讲话，做小动作。班主任老师在一次家访中，发现了他爱饲养小动物。于是老师有意让他参加生物兴趣小组，并委托他饲养生物实验室的金鱼。由于他的兴趣得到合理引导，使得他不仅在课外活动中主动积极，而且生物课学习也表现得十分认真。

可见，孩子一旦对学习产生了兴趣，便会积极主动地投入，消除怠惰。

建议2　找到孩子不喜欢学习的原因，对症下药

我们父母首先要和孩子自由沟通，以温和的态度和孩子探讨为什么不喜欢学习。父母了解他的问题所在，就要为他解决。对于因学习困难而对学习不感兴趣的孩子，家长要耐心地帮助孩子找到困难的原因，帮助他掌握科学的学习方法。

建议3　切实帮助孩子解决学习上的问题

很多父母关心孩子的学习情况，只是把眼光放在孩子的成绩上，而没有认识到孩子有时候也需要家长在学习上的辅导与帮助，有的孩子因为某一个问题没弄明白，一步没跟上步步跟不上，渐渐失去了学习的信心和兴趣。所以家长要真正关心孩子，就要注意他是否跟上学习进度。有条件的每周都要和孩子一起总结一次，发现哪里出现了问题就要及时补上，有的时候，还要请专门的老师给以专题辅导。孩子在学习上的困难得以解决，学习兴趣必然能够得到提高。

而对于学习压力过大，已经明显表现出病态心理和行为的

孩子，要积极求教于心理咨询和治疗机构，在专业人员的指导下对孩子予以科学的辅导，逐步帮助孩子及时得到积极矫治。

二、让孩子不再远离考试焦虑

小旭是个很孝顺、乖巧的孩子，学习成绩一直也不错，但长时间的心理压力，让他不得不看心理医生，他在心理咨询中说道："我的家庭十分拮据，父母挣钱很艰难，但他们都极力支持我读书，并说只要我考得上大学，愿意倾家荡产、贷款也要供我读书。回到家里，不管有多么繁忙，他们也不让我做家务，因为我的任务就是学习。在别人看来，我是一个多么幸福的孩子，可哪里知道，在这'幸福'里，我背负了多么沉重的心理压力，我怕考试，我怕自己成绩考差了，对不住全家人。"

心理导读 ◆◆◆

这里，我们可以看出，小旭的压力来自于家庭，父母供他读书不容易，对他期望太高。因此，一旦考试失利，就很容易产生负罪感，父母的期许成了他的负担。

我们不可否认，孩子身上的学习压力很大一部分来自外界，如父母的、老师的、同学之间的，但压力终究是自身的一种精神状态，也是可以解除的，这需要作为父母的我们做孩子的心理导师。

专家建议 ●●●

以下几种建议可以帮助孩子平衡自己的内心，正确处理考前的焦虑问题：

建议1　鼓励孩子，告诉他"你可以"

无论做什么事，自信对于一个人来说，都是极其重要的，这关系到一个人的潜能是否能被挖掘出来。很多的科学研究都证明，人的潜力是很大的，但大多数人并没有有效地开发这种潜力，假如你有了这种自信力，你就有了一种必胜的信念，而且能使你很快就摆脱失败的阴影。相反，一个人如果失掉了自信，那他就会一事无成，而且很容易陷入永远的自卑之中。

孩子面对考试就焦虑的问题，重要原因就是因为对考试结果的期望高。如果他们抱着轻松的心情，不太在意考试结果，那么，他自然就能心平气和地面对考试。

为此，作为父母的我们一定要鼓励孩子："你可以的。"并告诉他们不要太在意考试成绩，想必他是能控制自己的焦虑情绪的。

建议2　告诉孩子考前减压的方法

（1）考前两天，增强自信，择要复习

告诉孩子："复习，并不是眉毛胡子一把抓，而是应该有所侧重，最重要是复习那些重点内容。所谓重点：一是老师明

确强调的重点内容，二是自身学习过程中遇到的薄弱环节，也就是容易忘记和出错的地方。如果确保这两点都没问题的话，就没必要害怕了。"

（2）考试前夜，尽情放松、睡眠充足

考前挑灯夜战最不可取，牺牲睡眠时间复习，是得不偿失的。考前，应尽量做一些放松身心的活动，比如散步、打球、听音乐等，还要做到早些休息，一定要避免思考过多，精疲力竭。

（3）考试当天，按时到考场

考试当天，在用餐上，要注意吃早吃好，要给自己充足的时间来补充身体能量，最好在考前一个小时用餐完毕，吃得太晚太饱，都很容易因为造成大脑相对缺血而影响到考试时的发挥。

在时间上，可以在考试之前20分钟到达考试地点。来得太早，你会因为发生的一些事而分散注意力，影响到自己的考前心态，而到的太迟的话，准备时间不足，进入考试状态的时间也太短而造成心慌意乱，造成失误。

（4）掌握一些答题技巧

要想考好，当然要掌握扎实的理论基础知识，还有良好的心理素质，不过，还有重要的一点是掌握一定的应试策略，要科学应试，也就是要掌握一定的方法技巧。

另外，我们还可以告诉孩子：如果已经按照以上方法来做了，但还是没平息怯场的心情，也不必担忧，还可以按照以下步骤来做调节：先别急着做题，把试卷放到一边，稍微揉揉自己的脸，或者趴在桌子上休息下，这一方法能转移注意力，进而减轻紧张情绪，不过也可以采取深呼吸的方法满满呼气、吸气，同时放松全身肌肉。几分钟过后，紧张状态就能减轻不少。

三、帮助孩子适度减减压

近日，张女士带着自己的女儿来到上海一家心理诊所，张女士说，女儿名叫西西，在上海某重点中学读初三，学习成绩一直名列班级前茅，这一直让学校老师和父母感到很欣慰，但随着中考的临近，西西在情绪上发生了很大的波动，突然觉得心情紧张、抑郁，有种莫名的烦躁令她经常发脾气，甚至产生了厌学的念头，同时西西的身体也出现了一系列异常，她感到无精打采，周身乏力，小腹坠痛，出现了月经紊乱。西西的这些奇怪的症状让张女士认识到问题的严重性，只好求助心理医生。

心理导读 ◆◆◆

针对西西的问题，心理医生说，性情烦躁、动辄发脾气其实是因为压力大无处宣泄，实际上，像西西的这种情况，在不少孩子身上都发生过。

学习压力对一个处于学习期的孩子来说，表现在两个方面，一方面是适当的压力会激励学生；另一方面是过大的压力

会使人崩溃，所以减压显得非常重要。

现实生活中，我们家长常说自己压力大，其实孩子何尝不是如此呢？他们除了要承受身体发育带来的烦恼外，还必须面对残酷的升学竞争，而现在的家长对孩子往往寄予厚望，等于无形中给孩子很大的压力，容易造成孩子身心负担过重，继而产生厌学情绪；加之有的学校为了提高学生成绩，孩子每天的学习时间长达十几个小时，正常的饮食、休息得不到保障，久而久之易造成孩子营养缺乏，过于疲惫，精神萎靡，体内正常的生物节律被打乱，使内分泌失调，继而出现烦躁不安、月经失调等一系列症状。因此，心理医生建议，家长应根据孩子具体情况，适度地安排孩子的学习和生活，并要懂得为孩子减减压。

专家建议 ●●●

建议1 父母不要给予孩子过大的学习压力

作为父母，我们不要过分看重学习成绩，因为这对于孩子来说是一种无形的压力。很多孩子都有这样一种感受，当他们学习成绩下降，父母常常是老账新账一起算，把孩子学习成绩下降归结到坑的太多、不认真等，甚至骂孩子"蠢""笨"等，这只能导致孩子产生学习压力，甚至还会产生厌学的情绪。

建议2 转变教育观念与思想，消除孩子学习上的"压力源"

在这里最重要的是破除"成功唯有上大学一条路"的思想，要认真思考孩子的兴趣爱好，和孩子一起精心设计他的成材之路，对于学习确实存在障碍的孩子，要在科学分析的基础上敢于另辟蹊径。

建议3　帮助孩子养成良好的学习习惯

学习压力大的问题多半出现在那些学习困难、成绩不理想的孩子身上，而这不是因为孩子的智力问题，而是没有养成良好的学习习惯，例如上课不认真听讲、注意力不集中、缺乏耐力和持久性、做事敷衍了事不认真等。

因此，我们要从小注意培养孩子良好的心理素质，用日常生活、游戏、习作等方式有意识地训练孩子的注意力、认真态度、较长时间专注一件事的习惯和严谨的为人处世态度。

建议4　教会孩子化解心理压力

这里，有几下几种方法：

哭泣法：内心郁闷时，想哭就哭。曾有个关于哭泣的心理学实验，在全部的被测试中，有87%血压正常的人称，自己都偶尔哭泣过；而剩下那些血压偏高甚至是高血压患者则称自己从不哭泣。很明显，哭泣是一种有效宣泄内心不良情绪的良好方法。

心理暗示法：比如，你可以告诉孩子在面临巨大心理压力时这样想象，"天气很好，我和爸爸妈妈躺在公园的草坪上""湖面很平静，岸边的柳树随风摇曳着它的身姿"，都可以在短时间内放松、休息，恢复精力。

分解法：把你在生活中遇到的各种压力与困难都罗列出来，并把他们编号，当你在纸上一个个写出来的时候，你会发

现，只要一个个解决，其实也没什么大不了的事。

　　总之，减压的过程实际上是培养孩子良好心理素质的过程，因此，在生活中，作为父母，你要多关注孩子，经常从孩子的语言行动、情绪反应来了解他们的心态及其变化。当孩子幼小的心灵因为压力而感到无助时，你一定要采取措施，帮助孩子从多角度减压，帮助孩子消除心理阴影，走出低谷，奋发向上。只有时时刻刻注意排解孩子的心理压力，才能使孩子远离心理疾患，树立健康向上的人生观和价值观！

四、如何让孩子改掉粗心大意的毛病

　　小小是一名五年级的学生了，但到现在为止，他还是做事马虎大意，什么都要妈妈来为他"修补"，比如，经常他到学校了，妈妈还追到学校把他的书本送过来；做作业的时候，总是有很多错别字；考试的时候，也会因为马虎大意而失分；一个人出去买东西会忘记带钱包；带了钱包，不是丢在这个篮球场，就是那个商店……这让小小妈妈很头疼，总不能二十四小时都提醒他做这个、做那个吧？

心理导读 ◆◆◆

　　案例中小小就是个粗心大意的孩子，不少家长也有小小妈妈的烦恼。

马虎粗心是人类性格中的一个缺点。无论成人或孩子，因为马虎粗心而造成不良后果的事件很多。马虎粗心就是缺乏责任心的表现，我们深知培养孩子责任心的重要，为此，我们要训练孩子缜密的思维方式，只有注意细节问题，才能在未来社会的竞争中立于不败之地。

孩子爱马虎、粗心的毛病，多半是家长没能在小时候多加培养，没有给孩子养成细心认真的好习惯所导致的。粗心的毛病容易给人带来麻烦，不仅影响孩子的学习成绩，升学考试、还有可能给人们的生活带来不幸，给社会带来灾难。"小马虎"从表面上看似乎不是什么大毛病，但若不及时纠正，却可能造成严重后果。如果你的孩子也有马虎大意的坏习惯，一定要在孩子还小的时候，纠正孩子马虎粗心的缺点，不要使其成为习惯。要纠正孩子马虎粗心的习惯，首先要找出他们马虎粗心的原因。

引起马虎的原因，多与家长的教育有关系，如果在儿童幼年时期没有对他们进行过系统的训练，或是常让孩子一心二用，边看电视边写作业，或是让孩子在一个嘈杂混乱的环境里学习，都有可能养成儿童粗心马虎的毛病。而最重要的原因是，父母责任心教育的缺失，现在的孩子多数是独生子女，凡事父母包办得太多、关照的太多、提醒得太多，从而导致孩子责任心的减弱，养成了马虎粗心的习惯。

专家建议 ●●●

那么，怎样让孩子克服粗心马虎的坏习惯呢?

建议1　从培养孩子的责任心做起

孩子的马虎粗心，最根本原因是缺乏责任心所致，有了责任心，他自然能够小心谨慎地对待每一件事情，避免马虎。

家长们应少一些包办、少一些关照、少一些提醒，让孩子自己处理自己的事情；让孩子多承担一些家务劳动，多做一些力所能及的事情，以培养孩子的责任心。有时候家长要狠得下心来，让孩子吃苦头、受惩罚。

比如，上学前让孩子自己整理该拿的东西，如果他忘了，你也不要给他主动送去，而要让他受批评、受教育。再比如，孩子外出之前，让孩子自己准备外出所带的食品和衣物。家长只做适当的提醒和指导，不要大包大揽，也不要强行将自己的意志强加于孩子，等他少带了食品，少带了衣物，或落下别的什么东西，在外吃了苦头的时候，他自然会吸取教训，责任心自然而然地会加强。等下一次外出的时候，肯定不会粗心，肯定不会丢三落四了。

建议2　从培养孩子好的生活习惯做起

我们发现，如果一个孩子的房里一团糟，鞋子东一只西一只，他的作业往往字迹潦草、页面不整，做事丢三落四、凭兴致所至，观察没有顺序、思考缺乏条理，表现出典型的马虎粗心的特点。因此，从生活中小事做起，培养孩子良好的生活习惯，能减少孩子的马虎粗心。

常用方法是：让孩子整理自己的衣橱、抽屉和房间，培养孩子仔细、有条理的习惯；让孩子安排自己的课余时间和复习进度表，培养孩子有计划、有顺序的习惯；通过改变孩子的行为习惯来改变他的个性。天长日久，孩子的马虎粗心就会渐渐减少。

建议3　培养孩子集中精力学习的好习惯

有的家长，不管孩子是不是正在学习，都把电视机开着，或者自己打牌，这些做法都会造成对孩子的干扰，使他不能集中精力去学习，久而久之，孩子便养成了一心二用的坏习惯，有的孩子放学回家以后，总是先打开电视，然后边看边写作业，或者耳朵上戴着耳机，一边摇头晃脑地唱着歌儿，一边做习题。试想，这样怎么能聚精会神呢？

认真是任何人要做好一件事情的前提，如果对什么事情都敷衍了事，草草出兵，草草收兵，必然做不好。然而认真、不马虎是一种习惯，要孩子克服马虎的毛病，需要家长的指导和帮助。光靠说教不行，要靠平日里的习惯培养，久而久之，孩子也就有了自我控制的能力，会把认真当成一种习惯。

五、如何帮助孩子攻克学习中的短板

　　李先生的儿子叫李进，李进是个听话的孩子，但唯一让李先生烦恼的就是儿子的学习。李进是班上有名的偏科生，他数理化几门课很好，但英语是他的薄弱环节，每次考试，英语都会拖他的后腿，实际上，李进学习很努力，有时候，李先生和妻子看着都很心疼，面临中考，他经常加班加点，背单词、做习题，可是成绩就是上不去，李先生担心儿子最后连普通高中都考不上，来学校找英语老师。

　　英语老师说："李进是个很努力的男孩，但学英语也不是死读书，我平时交给学生们的记单词和做习题的方法，他似乎都没用。要知道，英语是一门语言学科，也不是死记硬背就能学好的……"李先生这才知道儿子的症结所在。

　　回家后，李先生找来儿子，跟儿子好好谈了一番。李进才知道原来自己一直是学习方法用错了，努力加正确的学习方法才会有好的学习效果。第二天，他就找英语老师谈了谈，并将老师的方法运用到了学习中。于是，在接下来的几次月考中，李进奋起直追，成绩上升很多，分数一次比一次高。

心理导读 ◆◆◆

　　可能不少孩子的父母都为孩子的学习成绩感到烦恼，而最让父母烦恼的问题之一就是孩子的偏科问题。这被称为学习中的短板现象。

何谓"短板"呢？若有一个木桶，沿口不齐，那么，这个木桶盛水的多少，不在于木桶上最长的那块木板，而在于最短的那块木板。而要想提高水桶的整体容量，不是去加长最长的那块木板，而是要下工夫补齐最短的木板；此外，一只木桶能够装多少水，不仅取决于每一块木板的长度，还取决于木板间的结合是否紧密。如果木板间存在缝隙，或者缝隙很大，同样无法装满水，甚至一滴水都没有。这就是著名的木桶定律。

这是个简单得不能再简单的自然界现象，然而往往越简单的道理越会饱含更深层的道理。同样，运用到孩子的学习身上，如果孩子存在偏科现象，那么，孩子的整体成绩就上不去，所以，如何帮助孩子攻克偏科问题是很多家长需要下工夫的。

专家建议 ●●●

建议1　帮助孩子分析各科强弱的总体形势

分析哪科考得好，哪科考得不好，目的是帮助孩子认清自己在不同科目上的强势和劣势。需要注意的是，这并不是让孩子根据自己的考试分数做一个简单的排序，而是要以确实分析为基础，做出具有可行性的指导分析。比如对于一位数学基础非常好的孩子来说，分数虽然不低但是考试时时间较紧或者在最后的难题上出现了技术性失分，就要认真考虑自己的数学学习方法是否适应当前阶段的学习，并及时地做出调整改进，吃

老本的想法是不可取的。

建议2　引导孩子总结学习方法的得失

孩子考试一旦失利，他首先要考虑的就是自己在该科的学习方法上是否存在缺陷，并做出相应的调整。成绩十分理想，也应该找出原因所在，以便今后"发扬光大"。

建议3　帮助孩子整理薄弱的知识点

你要让孩子做到，考试进行之后，对试卷中耗时较多的题、摇摆不定的题、做错的题均做出认真细致的分析，找出原因所在，是公式掌握不牢，是该记住的没有记住，是解题方法没有掌握，还是思考方式运用不够熟练？在此基础上进行补充学习。

建议4　让孩子把更多精力和时间花在"短板上"

孩子的学习要有针对性，要让孩子明白哪些是自己不会的，进而让孩子把有效的时间用到提升"短板"上。

建议5　让孩子多做学习总结

善于做总结和分析，是帮助孩子提高成绩的法宝，我们若希望孩子在考试中取得好成绩，不因为某一学科拖后腿或者因某一知识点而失分的话，就要让孩子养成多做学习总结的习惯。

总之，作为父母，我们要让孩子不但爱学习，还要会学习，要找到属于他自己的学习方法，要让孩子多做总结和反思，找到"短板"问题出现的原因，这样，孩子在学习过程中才能有效克服它。

第四章

正视青春期性困惑：让孩子对性有正确的认知

孩子到了青春期，都渴望与异性交往，希望获得异性的注意，但这个阶段的孩子毕竟对爱情和婚姻还没有一个正确的认识，而且，青春期是积累知识的年纪，是为理想和目标努力的年纪，过早的恋爱对孩子的身心发展都不利。我们父母，当孩子进入青春期后，一定多与孩子进行沟通，当发现孩子有早恋的倾向时，要对孩子进行巧妙引导和沟通，做孩子的知心朋友，聆听他的心声，让他在父母的支持帮助下走出情感的旋涡。

一、引导孩子正确认识自慰

柳女士的女儿今年15岁，初三，从小学至今都是个品学兼优的好学生，但最近，柳女士发现，女儿好像有点不对劲，学习情绪也很差。情急之下的柳女士不得不偷看了女儿的日记。原来，女儿近来总喜欢手淫而烦恼，她明知道这样不对，但还是无法控制自己的行为。也曾有过骑在凳子上两腿夹着摩擦而兴奋的经历，同时阴道会产生一种莫名的快感，非常舒服。这种习惯一直到现在，而且越来越强烈，甚至无法满足自己心理的需求，最终通过手淫帮助满足，但随着手淫次数频繁，感觉心理不正常，非常害怕因此而染病，也认为自己很无耻和下流。

柳女士一直家教很严，自己和丈夫也是高级知识分子，平时都极力不让女儿接触性方面的知识，可是一直是乖乖女的女儿为什么会这样呢？

心理导读 ◆◆◆

关于青春期孩子手淫这一问题，作为家长，一定要明白，这是青春期身体发育后的正常现象，但也需要引起重视，并做好引导工作，过度手淫会对孩子的心理造成压力，影响学习和正常生活。

实际上，对性的追求，并不是成人以后，案例中的柳女士的女儿从幼儿早期就有明显的性兴奋，表现在"骑在凳子上两腿夹着摩擦"就是由中枢决定的痒感刺激来达到性满足的。

而随着年龄的增长，对性的要求越来越强烈，变成一种有意识的手淫，但孩子在极力压抑自己的性冲动，因对手淫没有正确的理解和认识，产生自责、自罪的感觉，痛苦感油然而生。这是因为很多学校和家庭没有给过孩子正确的性教育，所以他们会把自己的自慰行为看成是无耻和下流的。

专家建议 ●●●

那么，作为父母，我们该如何让孩子正确认识手淫这一问题呢？

建议1　告诉孩子什么是手淫

伴随着身体发育的成熟，很多青春期孩子产生了性的冲动，于是，他们便采用自慰的方式发泄，也就是人们常说的手淫。手淫是释放性压力的一种方式。

手淫是指通过自我抚弄或刺激性器官而产生性兴奋或性高潮的一种行为，这种刺激可以通过手或是某种物体，甚至两腿夹挤生殖器即可产生。手淫在青春期男、女均可发生，以男性更多见。手淫是释放性能量缓和性心理紧张的一种措施。当然，手淫过度也是不利的，过度的手淫会使肉体的性感高潮在无须异性的正常诱惑下就得以满足，这是一种异常的、变态的性满足方式。

建议2　告诉孩子过度手淫会带来的精神恶果

性自慰是青少年为满足性冲动欲望的一种行为，这种玩弄或刺激外生殖器、获得性快感的自慰行为在青少年中普遍存在。其实，适度的性自慰并无大碍，但不能沉迷其中，影响身心健康发展。

长期过度手淫带来的最明显的恶果主要是精神上的。手淫的孩子由于得不到正常性生活所带来的感觉，自慰行为又担心被人发现，再加上社会舆论的压力，使得他们不得不刻意培养自尊的意识和表象，表现出对异性傲慢和不感兴趣的态度，用以掩盖自己的行为。当然，这些畸形的心理并非每个人都会发生，但是对于性格比较内向和脆弱的人，就容易出现这种倾向。

在了解这些性知识以后，可能很多孩子会产生疑问，那么，到底应该怎样掌握手淫的度呢？手淫一般不会引起任何的疾病，一般以一周一次为宜。频繁、重度的手淫可引起前列腺炎、遗精、早泄等疾病，不育也是有可能的。

作为父母，如果我们让孩子从正常渠道了解这些青春期性冲动的知识，并告诉孩子以正常的方式发泄性冲动，那么，孩子自然能摆正心态，消除对手淫的羞愧感！

二、如何跟青春期的孩子谈"性"的问题

一次，某中学在校内举行一场别开生面的讲座——"关于青春期的性问题"，这场讲座阵容很强大，三个年级的学生以及老师一共有几千人。

令在场老师惊讶的是，面对一些大人们也觉得面红耳赤的话题，这些初中生们却没有丝毫的忸怩不安，反而问出了一些诸如"生米煮成了熟饭怎么办""处女到底怎么定义""性和爱可以分离吗""最好的避孕方式是什么""发生双性恋怎么办"等尖锐问题，不仅让一旁的老师听得瞠目结舌，就连主持讲座的专家也感到孩子们的问题不好回答。现在的孩子早已不是我们想象中的那么闭塞。

心理导读 ◆◆◆

的确，我们的孩子在一天天长大，昨天的她还是一个在父母怀里撒娇的小女孩，今天她已经亭亭玉立了；昨天的他还是一个和小朋友抢零食的小男孩，今天的他看见了女生都会退避三舍……此时，性健康教育成为摆在很多家长面前的一道不可回避的难题。

然而，面对这个问题，大人们似乎总是很害羞，大多数家庭中仍然是谈"性"色变；有一部分思想开放的家长想给孩子提前教育教育，却又欲说还"羞"，不知从何说起。

有调查表明，青少年性知识70% 来自电视、网络、同伴之间的谈论交流或课外书籍；来自家庭的却只有 5.5%，有 36.4% 的母亲在女儿第一次来月经之前，没有告诉孩子该如何进行处理。报刊、影视、书籍等社会性信息有着强烈的刺激和诱惑，如果再受到同伴之间错误的性知识的干扰，很容易造成孩子性观念和性行为的偏离。

可见，结合孩子身心发育不同阶段的特点，及时进行性生理、性心理、性道德等知识教育，满足孩子渴望获得性知识的需求，是社会、学校和家长不可推卸的责任。

专家建议 ●●●

建议1　家长应转变观念

青春期性教育是人生教育不可缺少的一课，对孩子进行必要的青春期性教育是社会文明进步的体现。

生活中的每个人都必须经历青春期的发育这一过程，性机能的不断成熟使得青少年对异性产生好奇、渴望了解性知识，这些都是很自然地的现象。但是，青少年了解性知识的途径必须是正当的、健康的。作为父母，如果为了怕孩子学坏而封闭这些途径，那么孩子只能通过一些不正当方式来获取，接受的也是一些淫秽、黄色的内容，妨碍其身心健康的发展。青春期教育如果出现缺失和失误，在孩子成长史上就会留下无法弥补的遗憾。

建议2　保证性知识的准确性，不可敷衍孩子

当孩子几岁的时候，他们一般会问："我是从哪里来的？"此时，我们可能会找一些理由来搪塞孩子，但事实上，这一点是行不通的，尤其是到孩子青春期以后，如果我们不告诉孩子实话，他们可能会从其他一些不正当途径得知。

其实，我们应该让孩子知道，孩子是父母相亲相爱，由父亲的精子与母亲的卵细胞结合，然后在母亲的子宫里发育成长起来的。

孩子可能会对两性关系发生兴趣，如果父母亲比较民主、开明，孩子就不会将困惑埋在心里，而随时会向父母请教。

建议3　从正面教育

很多家长为了避免孩子产生性尝试的欲望，往往从消极面教育孩子，比如说，性会导致艾滋和其他疾病、少女怀孕、强奸等。当然，告诉孩子这些是必要的。但我们更要注重正面教育，要告诉孩子，正当的性是人类美好的东西。

当孩子向我们提出性问题时，作为家长，不要恐慌，这证明你的孩子已经长大了，应该为之高兴，同时，如果你的孩子做了一些诸如手淫之类的事时，我们既不要大喊大叫，也不要痛斥他们是什么"坏"孩子。手淫不会使孩子性狂热。性无知和羞怯才会对他们产生消极的影响。

建议4　父母也应该学习一些性知识，以解答孩子的问题

遇到孩子提出的问题过于敏感，父母不好开口回答，可将书报杂志上的有关内容折叠起来，悄悄放到孩子的床头，让孩子自己去阅读。

值得注意的是，父母在孩子面前不可表现得过于亲热，尤其是夫妻性生活千万不能让孩子看到，以免在孩子心中投下阴影，成为导致他们形成错误性心理、性观念的缘由。

总之，家庭是对孩子进行性教育的最为理想的渠道。遇到孩子问一些有关"性"的问题，家长要像解答其他问题一样坦然对待，用拉家常的方式对孩子进行性教育。

三、解开青春期孩子心中的性困惑

这天，曹太太听见女儿小洁躲在房间哭，就推开门进去，问清缘由后，才知道是这么回事：才15岁的小洁和班上的男生东东谈起了恋爱，可对爱情懵懵懂懂的两人都不知道谈恋爱应该是什么样子，两性之间的知识更是少之又少。一天，小洁被东东吻了，但接吻之后，两人便后怕起来，"我这样会不会怀孕呢？"小洁惴惴不安，"应该不会吧，我也不太清楚。"东东对此并不确定。从此以后，小洁总担心自己会怀孕，一有身体不适，便以为自己怀孕了，背着思想包袱，从此成绩一落千丈。

心理导读 ◆◆◆

从呱呱坠地到长大成人，每个孩子都会遇到不少的困惑，除去学业的压力，种种这样那样的"小问题"也会始终缠绕在他们的心头，到了青春期之后，他们对性的困惑更加强烈，这些困惑让他们难以启齿，却又往往不知所措，于是自己看书、私底下问同学等便开始悄然蔓延……

每个父母都希望孩子长大后具有健康的性观念和性行为，但每个父母都不知道该怎样去教。"怎么说得出口呢？"他们想，"要是有一个这方面的好老师就好了！"

其实，作为父母，我们应该明白，父母是孩子最好的性启蒙老师，只有及时、恰当地解出孩子这些困惑，孩子才能拨开心中的疑云，健康、快乐地成长。

专家建议 ◆◆◆

建议1　客观、不带主观感情地为孩子进行性教育

比如当孩子向你提出类似"为什么男女身体不一样"等问题时，你首先要记住的是放松、自然，因为孩子问这类问题纯属好奇，你没必要感到尴尬或不安，也不要表现出你想完全回避这类问题。

而对于答案，简单易懂就行，不需要长篇大论，因为他对综合性的知识讲座毫无兴趣。如果你对这种简单回答也有点束

手无策的话，现在书店里有很多适合不同年龄孩子性教育的书籍和杂志，建议你购买一本，选择有关能回答他提出的问题的章节、文章读给他听，其中那些能帮助他理解生命现象、男女性别的差异等问题的插图也可以给他看。这样，当孩子再问起这类问题时，你会感到自在得多。

建议2　言传身教，让孩子明白什么是"爱"

如果父母每天的言谈举止相亲相爱、温馨和谐、相互赞赏，无疑就是对孩子最好的教育。因为孩子们理想中的异性原型对应的正是他们的父母。擅长察言观色的他们正好借此深刻领悟到父母之间的幸福、美满的男女关系，并在长大后如法炮制。

建议3　告诉孩子什么是性行为

青春期的孩子都听过这个词，但基本上都认为性行为就是性交，其实不然。

性科学研究按照性欲满足程度的分类标准，将人类性行为划分为三种类型：一是核心性性行为，即两性性行为；二是边缘性性行为，如接吻、拥抱、爱抚等；三是类性行为。

一般人们往往会狭隘地把性行为认为仅是性器官的结合。性行为并不只意味着性交，观看异性的容姿、裸体，色情节目，接吻，手淫，阅读色情小说等，都是道道地地的性行为。

性行为的含义要比性交广泛得多，一般说来它包括以下几种：

（1）目的性性行为，简单来说，就是性交，它是性行为的直接目的和最高体现。一般说来，人们在性交以后，就满足了性的要求。

（2）过程性性行为，这是性交前的准备行为，也就是接吻、抚摸等，其目的是为了激发性欲，实行性交。一般来说，性交后的这些动作是为了使性欲逐渐消退，作为尾声，这也属于过程性性行为。

（3）边缘性性行为，这种性行为的范围比较广泛，目的也很多，比如，表示爱慕、表示爱慕之心的自然流露，但绝不是为了性交。就另外，这种性行为的形式也较多，如微笑、眼神等，而这眼神、这微笑有时只有两个人感觉到，其他人是无从得知的。

至于拥抱、亲吻，如果是作为性交前的准备，那么是过程性性行为；如果只是爱情的自然流露，不以性交为目的，那么就是边缘性性行为。

当然，像某些西方国家，把拥抱、亲吻作为一般见面的礼仪，那就同性行为完全无关。

当孩子了解这些之后，他们对性也就有了更深一层次的认识，心中的种种困惑自然会消除，自然，他们也就知道处于青春期的自己该做什么，不该做什么了！

四、别强制打压，理智对待孩子的早恋行为

我们先来看看一段母亲和女儿的对话：

"孩子，其实妈妈明白你的心情，妈妈也是过来人，在你这么大的时候，也喜欢过一个人，那时候，他经常来学校找我，并对我无微不至地照顾，我发现自己爱上他了，可事实上，他已经有了家庭，我伤心欲绝，学习成绩更是一落千丈。"

"后来怎样呢？"女儿好奇地问。

"后来，就在那段时间，我们学校转来了一个新同学，他开朗、乐观，成了我的同桌，我们无话不谈，一起学习、交流心得，很快，他帮助我走出了那段情感的阴影。你知道这个人是谁吗？"

"不知道。"

"他就是你爸爸啊，我们很快相爱了，但是我们并没有沉浸在爱情的幸福中，而是约定要一起考大学，一起追求梦想，后来，我们大学毕业后就结婚了……"妈妈沉浸在甜美的回忆中。

"爸爸太棒了！"女儿赞叹地说。

"是啊，不然我也不会喜欢他，那你认为他呢？"

"我不知道，但他长得很帅气。"女儿脸红了，

"孩子，妈妈也给你一个建议：你不妨和他做个约定——你们要一起考上大学，等你考上大学之后，如果你还是这么认为，那么不妨开始一段美丽的爱情。在这之前，你可以跟他做很好的朋友。"女儿点点头答应了。

心理导读 ◆◆◆

故事中的妈妈是通情达理的，然而，在我们的生活中，面对孩子早恋的问题，大多数家长的反应都是火冒三丈，然后"棒打鸳鸯"，而最终结果是，孩子只会越来越坚信自己的选择，甚至做出更加"出格"的事。而家长的理解则是孩子接受家长建议的前提。因此，作为家长，我们不妨放下架子，与孩子来一次促膝长谈，帮助孩子脱离早恋的苦恼，从那段青涩的爱情走出来。

早恋，即过早的恋爱，是一种失控的行为。对于青春期的孩子来说，他们可以对异性爱慕，但必须学会控制这种心理的滋长和蔓延，更不要早恋。早恋，不仅成功率极低，而且意志薄弱者还可能铸成贻害终身的罪错。

在教育孩子的过程中，很多家长认为，尤其对于青春期的孩子，一定要严加看管，否则孩子很容易陷入早恋的泥潭，于是，孩子与异性说话都成为他们捕风捉影的信号，实际上，孩子进入青春期渴望与异性交往，是青少年身心健康发展的重要标志。如果没有这种心理需要，反而要打个问号了。异性交往并非必然陷入恋情，更可能是同学、师生、朋友、合作伙伴等多种人际关系。而即使孩子真的早恋了，作为父母，我们也不应干涉太多，否则，只会起到反作用，甚至会加深两人的感情。

因此，作为父母，对于孩子早恋的行为，一定要保持理性。

专家建议 ●●●

建议1　冷静理智，绝不能打骂孩子

作为父母，我们要理解孩子青春期渴望与异性交往的心情，当孩子真的早恋时，也不能打骂孩子，早恋也绝非洪水猛兽。

建议2　用引导代替苦口婆心地劝

现实生活中，我们常常见到这种现象：一些青春期的孩子陷入早恋，父母的干涉非但不能减弱两人之间的感情，反而使之增强。父母的干涉越多、反对越强烈，恋人往往相爱就越深。为什么会出现这种现象呢？这是因为，人都是自主的，青春期的孩子也开始有了一定的独立意识，他们开始关注异性，而父母越是反对，他越是偏向选择自己的恋人。因此，深谙教育艺术的父母绝不会苦口婆心地劝阻孩子，因为他们知道这样只会让孩子爱得更深。

孩子在成长过程中，随着不断长大，自然会出现一些心理波动，作为父母，我们不妨采取一种讨论的态度，和孩子平等地讨论爱情，让孩子明白青春期是积累知识的时期，对异性的好感并不是爱情，并采取一些方法强化孩子的家庭归属感，让孩子重新把精力集中到学习上来。

建议3　让孩子明白异性之间交往的分寸

不妨直言不讳地告诉孩子，青春期想接近异性的身体并

不可耻，但一定要把握分寸，大胆、大方地与异性交往，即使对异性有好感，也只能让它们作为一种美好的愿望，珍藏在心底，等自己真正长大成熟时，他（她）会以百倍的力量、热情、成熟来迎接你！

总之，我们要让孩子明白的是，中学时代是打基础时期，将来从事何种事业还没有定向，他们今后的生活道路还很长。中学时代的早恋十有九不能结出爱情的甜果。当孩子能正确处理青春期的"爱情"时，也就能把握好人生的舵，不会过早去摘青春期的花朵。

五、帮助孩子从单相思中抽出身来

钱女士的儿子天天今年15岁，是个很懂事的男孩。钱女士虽然学历不高，经济情况也不是很好，但却很会教育孩子，天天也一直把她当成好朋友，最近，她看儿子好像心事重重的，便在周末的上午，把家务忙完以后，来到儿子房间。

"天天，你是不是遇到什么事情了？"

"我不好意思开口，太难为情了。"天天说。

"很多事，妈妈都是过来人，我想我能帮你，如果你实在不好意思开口，你可以给我发邮件，我会给你回的。"

"好吧，妈妈。"

晚上，钱女士打开自己的邮箱，果然看到儿子的邮件，内容是这样的："我感觉到我真的喜欢上一个女孩了，是一种我从未有过的感觉，那个女孩是隔壁班的，我确定，世界上真的有一见钟情存在，因为从第一次看到她，我就喜欢上了她，可爱、纯真、活泼、美丽……我简直无法形容她的好了，反正，我觉得她是世界上最漂亮的女孩，我开始每天都想见到她，每天都被一种奇妙的感觉牵引着……我的情绪也开始被她影响着，她开心，我也开心；她忧郁，我也跟着难受。当我心情不好的时候，只要一见到她，心中马上就豁然开朗。总之，我的心情随她而变，我可以确定，我是爱上她了，可关键是，我不敢说出口，因为她那么优秀、那么美丽，肯定不会看上我这样一个普通的男生。妈妈，我该怎么办？"

　　看来，儿子真的是情窦初开了，那么，这封信该怎么回呢？

心理导读 ◆◆◆

　　很明显，案例中的天天是对隔壁班的一个女生产生了倾慕之情，但又敢说出口，这就是人们说的暗恋。有人说初恋是纯真的，其实，最美的还是暗恋，青春期性萌动，哪个少男少女不善钟情？暗恋，永远是那么甜美那么涩。

　　事实上，大多数情况下，孩子们心中的异性也许并没有想象的那么完美，俗语说"情人眼里出西施"，这些说法都说明喜欢一个人的感觉，主观而片面，听不进他人的意见和建议，

一定是他认为的好就是好，你说不好也听不进去，当家长持反对意见或者试图阻止时，他就产生了逆反心理，不然就转入地下，这是最让家长感觉头疼的地方，青春期的孩子，可以说，基本上都有自己心仪的异性，但是由于各种原因，很多孩子都只是暗恋，并不敢说出口，天天就是这种心态。

在教育孩子的过程中，很多家长认为，尤其对于青春期的孩子，一定要严加看管，否则孩子很容易陷入早恋的泥潭，于是，孩子与异性说话都成为他们捕风捉影的信号。而很多父母的这种态度是孩子不敢向父母倾诉暗恋心情的原因。

庆幸的是，案例中的钱女士是个明事理的妈妈，她深知儿子对情感问题难以开口，便建议儿子采取写邮件的方式倾诉出来，对与儿子单恋某个女孩这一事实，也没有采取打压式的方式，而是在寻求方法引导孩子。

专家建议 ●●●

建议1 理解孩子，谈话式教导，引导孩子走出恋爱的误区

我们要关注孩子，应经常询问孩子对周围异性伙伴的印象如何，以了解孩子的情感倾向和所思所想。同时，父母可讲讲自己的青春期异性交往经历与故事，让孩子说出自己的看法。要注意，最好避免用早恋这样的字眼，因为这一时期孩子与异性交往大多只是出于一种朦胧的爱慕心理。

建议2　理解孩子的情感

其实，无论是谁，喜欢上异性都是难以自控的，尤其是青春期的孩子，更为将心中的小秘密告诉不告诉对方而烦恼，不说自己心里很想念，说出来又怕对方不接受，于是辗转反侧，心烦意乱。

我们父母，要告诉孩子，一个情窦初开的少年，青春期对异性产生好感，甚至有与之交往的冲动，这是正常的，这都是由成长过程中的必经过程。但你要学会合理控制自己的情感，掌握交往的分寸。要知道，青春期恋情多数要影响学习，因此，将小秘密埋藏在心里是明智的选择，让这份初恋的感情在心里发酵，随着时间的推移日久弥香。

第五章

关心孩子的人际交往：引导孩子懂人情识人心

对于成长中的孩子而言，他们主要的人际关系有三种类型：同伴关系、师生关系、亲子关系。当孩子在学习、生活上遇到挫折而感到愤懑抑郁时，向知心挚友一席倾诉，就可以得到心理疏导，身心也就更健康，学习更有劲。而孤僻、不合群的孩子，往往有更多的烦恼和忧愁，甚至影响正常的学习和生活。作为父母，我们要明白的是，帮助孩子提高交际能力是家庭教育的重要内容，要做到这一点，需要我们从孩子的心理角度出发，了解青春期孩子渴望交朋友的心理，进而帮助孩子真正学会如何交友，如何交益友！

一、让孩子成为人人喜欢的万人迷

以下是一个初三男孩的日记："我的性格还是比较外向的，长相虽然算不上出众，但是自我感觉还可以。学习也不错，班里前十名，可就是人缘不好，感觉周围其他男生好像都很反感我，看到他们和别的女生闹我也想去玩，可是却不知道怎样加入他们。听我一个好朋友跟我说，他的同桌跟他说比较反感我，也没有说原因，还说不许我那个好朋友告诉我。虽然我是知道了，可是我很无奈，也许是因为我说话的缘故吧，因为我真的不知道该怎样和同学们交谈，怎样才能让别的同学喜欢和自己说话，有共同语言。我到底该怎么办？"

心理导读 ◆◆◆

生活中，可能不少家长也听到孩子有过这样的苦恼："不知道怎样才能被同学和朋友们喜欢。"的确，我们的孩子也希望交朋友，这的确是困扰孩子的一个问题。

对此，我们要告诉孩子，受人欢迎的万人迷一定是有人人喜欢的性格、品质的，而如果不被人喜欢，就要从自身寻找原因，这样才能有针对性地改变自己。比如，你可以这样说："你可以先和好朋友聊聊原因，再自己回想下自己在哪方面

做得不够，也可以让他们帮忙问问班里的其他同学为什么不喜欢你。也可以拿张纸出来，写出你认为班上的男孩受欢迎的原因，比方说他的说话方式、内容，再与自己作对比，也就能找出原因了。"

作为父母，我们不但要成为孩子学习上的指导者，更要他们成长路上的知心朋友，但孩子有了烦恼和困惑后，我们要为其答疑解惑。

专家建议 ●●●

孩子都想成为受人欢迎的人，对此，你要告诫孩子形成良好的交往品质，这些品质包括：

建议1 自信

自信是人际交往中重要的一个品质，因为只有自信，才会将自己成功地推销给别人认识，无数事实证明，这类人更受到他人的欢迎。自信的人总是不卑不亢、落落大方、谈吐从容，而决非孤芳自赏、盲目清高，对自己的不足有所认识，并善于听从别人的劝告与帮助，勇于改正自己的错误。培养自信要善于"解剖自己"，发扬优点，改正缺点，在社会实践中磨炼、捶打自己，使自己尽快成熟起来。

建议2 真诚

"浇树浇根，交友交心。"想要交到真正的知心朋友，就要学会真诚待人，真诚的心能使交往双方心心相印，彼此肝胆相照，真诚的人能使交往者的友谊地久天长。

建议3　信任

在人际交往中，信任就是要相信他人的真诚，从积极的角度去理解他人的动机和言行，而不是胡乱猜疑，在心里设防护墙，因为信任是相互的，尝试信任别人，你也会获得信任。美国哲学家和诗人爱默生说过：你信任人，人才对你重视。以伟大的风度待人，人才表现出伟大的风度。

建议4　自制

与人相处，经常可能会因意见不同、误会等原因难免发生摩擦冲突，而面对摩擦，学会克制自己的情绪，就能有效地避免争论、"化干戈为玉帛"。青春期的孩子要想克制自己，就要学会以大局为重，即使是在自己的自尊与利益受到损害时也是如此。但克制并不是无条件的，应有理、有利、有节，如果是为一时苟安，忍气吞声地任凭他人无端攻击、指责，则是怯懦的表现，而不是正确的交往态度。

建议5　热情

在人际交往中，热情的人总是不缺朋友，因为别人能始终感受到她给的温暖。热情能促进人的相互理解，能融化冷漠的心灵。因此，待人热情是沟通人的情感，促进人际交往的重要心理品质。

人际交往确实是一门学问，其实，在教育孩子的过程中，我们不仅要让其学习到文化知识，更要着力培养他们好的品

质，这样，他们在未来人生道路上会有更广泛的人际关系和更多人的支持和帮助。

二、教孩子敢于拒绝他人

洋洋是个腼腆内向的孩子，他从不和小朋友争东西，哪怕是他自己的东西，只要别人要玩，他就会默默放弃。

今年的洋洋13岁了。这天，洋洋又拿着自己的滑板车出去玩了。其他孩子都对洋洋的滑板车很感兴趣。洋洋就让别人玩，自己则站在旁边干巴巴地等，看着别人一个一个轮番上车，洋洋的脸上写满了无奈。

好不容易车子还回来了，可洋洋的手刚握住小车，脚还没有跨上去，又有一个孩子叫着要玩小车。

在旁边看着的洋洋妈妈气不打一处来，想自己的孩子怎么这么窝囊，自己的东西自己都玩不上。如果被掠夺的次数多了，洋洋肯定会越来越惧怕别的孩子，这会让洋洋更内向。

想到这儿，妈妈直接走到洋洋旁边，替洋洋吆喝着把车子要了回来。那孩子的奶奶还嘀咕了一声："没见过你这么小气的妈。"其他孩子一看洋洋妈妈在身旁，都退到了一边。

妈妈大声对洋洋说："瞧你这个熊样，自己的东西，你想玩就玩，不想玩就不玩，怎么自己的东西反而被别的孩子抢来抢去，自己都玩不上！"

　　洋洋好像有一种无形的压力，他低着头，一声不吭。虽然，后来洋洋玩着自己的小滑车，可他并不开心。

心理导读 ◆◆◆

　　生活中，我们都希望我们的孩子懂得与人分享，养成慷慨、大方、谦让的美德。但任何事情都要讲究一个度，若是轻易承诺了自己无法履行的职责，将会带给自己更大的困扰和沟通上的困难，这就需要学会拒绝别人。

　　当然，教导孩子学会拒绝别人也需要父母的引导，因为拒绝别人实在不是一件容易的事。有些孩子在拒绝对方时，因感到不好意思而不敢据实言明，致使对方摸不清自己的意思，而产生许多不必要的误会，同时也容易给自己心理造成压抑。大胆地拒绝别人，是相当重要却又不太容易的事情。教会孩子学会拒绝别人，将使孩子受益终生。当孩子没有勇气拒绝的时候，家长就可以尝试下面的几种方法。

专家建议 ●●●

建议1　教孩子泰然接受他人的拒绝

　　在日常生活中，即便是在孩子小的时候，作为父母，你也应该在孩子头脑中强化一个概念：别人的东西不属于我。这样，也就明白了拒绝别人的必要。

建议2　让孩子坚持自己的决定

有些孩子不敢拒绝同伴的要求是因为害怕别人不跟自己玩，害怕被孤立，于是，别人要什么东西，他就会奉送，可是，事后他就后悔了。这种情况就是平常说的"没志气"，常发生在年龄较小的孩子当中。

这就需要家长逐渐培养孩子的果敢品质，自己说过的话、做过的事，就应该勇敢承担起责任来，自己拒绝同伴后就应该承担起受冷落的后果，而不是过后就反悔。

建议3　教孩子正确认识"面子"问题

孩子不敢拒绝他人还可能是为了照顾面子。比如，虽然自己的钱都是父母给的，但当别人来借钱去玩游戏时，为了面子还是借给别人。有些孩子甚至发展到别人叫他去做一些不合纪律的事情也会违心去做，而事后却遭到老师的批评。可见，让孩子学会拒绝就应该教孩子正确区分面子。

建议4　教给孩子委婉拒绝的技巧

拒绝别人的某些无法接受的要求或者行为时，妈妈要教给孩子应注意的方式、方法，不可态度生硬，话语尖酸。你要告诉孩子，先不要急着拒绝对方，可采用迂回委婉的方式说明自己的实际情况，既不违反自己主观意愿，还可以给对方一个可以接受的理由。以下是几种委婉的、孩子可以学习的方法：

（1）让孩子学会用商量的语气和别人说话

告诉孩子，拒绝别人有时要和对方反复"磨嘴皮子"，直到对方认可。如此，就巧妙地拒绝了对方，避免冲突。

（2）让孩子学会间接拒绝别人

开门见山，直截了当式的拒绝，犹如当头一盆冷水，使人难堪，伤人面子。父母要教会孩子学会先承后转的方法，这是一种避免正面表述、采用间接地主动出击的技巧。即首先进行诱导，当对方进入角色时，然后话锋一转，制造出"意外"的效果，让对方自动放弃过分的要求。

（3）教孩子善用语气的转折

告诉孩子，当不好正面拒绝时，可以采取迂回的战术，转移话题也好，另有理由可以，主要是善于利用语气的转折：首先温和而坚持，其次绝不答应。

（4）教孩子学会推迟别人的请求

如果孩子不想答应别人的请求，父母可以教孩子用一拖再拖的办法，推迟别人的请求，比如说"我想好了再跟你说""我再考虑考虑"等，这都是一种委婉拒绝别人的方法，别人也会从孩子的推迟中，明白他的意图，也不会使双方过于尴尬。

总之，父母所要做的，就是教会孩子如何平和地、友好地、委婉地、商量地拒绝别人的要求；同时泰然自若地接受他人的拒绝，而不是为孩子解决、包揽问题。

三、鼓励孩子学会与人合作

最近，在学校组织的团体计算机竞赛中，亮亮和小江一组获得了冠军。在全校表彰大会上，亮亮说："今天我能站在这个领奖台上，除了要感谢老师和家长的帮助外，最应该感谢的是我的盟友，我的兄弟，万小江，如果没有他对我的支持和彼此完美的合作，我想我们是无缘拿到冠军的。因此，最高兴的是，通过这次竞赛，我看到了合作的重要性。"

一段话结束后，台下响起了热烈的掌声。而同样坐在台下的亮亮妈妈更是为儿子有这样的心态感到骄傲。

心理导读 ◆◆◆

案例中，亮亮的一番话很有道理。现今社会中，单打独斗的个人英雄主义已经行不通，任何一项任务的完成，任何一个产品的制作，都要分为好几个步骤和工序，由好几个人来共同完成。

俗语说：单丝不成线，独木不成林。叔本华说：单个的人是软弱无力的，就像漂流的鲁滨逊一样，只有同别人在一起，他才能完成许多事业。从小我们就高喊：团结就是力量，合作就是力量。

当今社会，分工越来越细，任何人，都不可能靠单打独斗取得胜利，作为父母，我们自身也已经感受到，工作中，我们需要好几个人来共同完成一件任务，你再聪明、能力再强，也只有一双手、一个大脑，你不能单独取得胜利，只有得到他人的帮助，与他人合作，才能获得更大的成功的机会。同样，我们的孩子也是如此，现在的他们正处于性格品质形成的时期，他们并不知道如何与人合作，实际上，怎样与人合作也是一门学问，我们要告诉孩子，与人为善、以诚待人，才能巩固你的人际关系；学会团结他人，你手中的力量才会更强大。孩子只有现阶段学会与人合作，日后才会有所成就。

专家建议 ●●●

我们父母一定要让孩子知道合作的重要性并在日常生活中着力培养他们与人合作的能力，只有这样，才能在未来社会真正实现与他人的共赢。

那么，父母们，你该如何培养孩子与人合作的能力呢？

建议1　鼓励孩子多参加集体活动

这种活动可以是游戏，也可以是竞技类的比赛，多参加此类活动，一方面，孩子学会了欣赏别人，和同伴友好相处，共同合作；另一方面，在与同伴的交流中，学会如何克服困难、解决问题。

所以，孩子在课余学习时间参加一些有意义的活动，我们父母不能反对，反而要鼓励他们。

建议2　让孩子分享合作成功带来的喜悦

你要告诉孩子，无论你在集体活动中充当什么样的角色，你都要学会分享集体的成功，如果团队的每个成员都能做到这

样，那么，整个团队的向心力也会在无形中加强。

建议3　增加相处机会，培养其合作能力

现代社会，很多父母都很忙，孩子每天忙于学习，这样，造成亲子间的代沟越来越大。其实，作为家长的我们，如果能制造机会和孩子相处，可以与孩子参加晨跑，参加体育运动，如一起打球，一起游泳，一起旅游，这样不仅能增加与孩子沟通的机会，还能在无形中提升孩子与人合作的能力。

总之，在教育孩子的过程中，我们不但要让孩子认识到与人合作的重要性，并学会与人相处的技巧、培养与人合作的能力。

四、教孩子正确面对朋友之间的冲突

飞飞、阿力和凡凡是最好的朋友，但偶尔也会闹一些小矛盾，尤其是凡凡和阿力之间。凡凡是一个内向的男孩子，而阿力大大咧咧，口无遮拦，有时候，因为一件小事，两人就会展开"战争"。

一天，大清早的，飞飞还在睡觉，阿力气呼呼地跑来，对飞飞说："凡凡怎么能这样，我怎么交了这样的朋友。"

"怎么了，发生什么事情让你发这么大的脾气？"

"昨天原本准备让你陪我去买周杰伦唱片的，你不是有事嘛，后来，就打电话给他，他在卫生间，电话是他妈妈接的，

他说一会儿就出门的，结果我在他家楼下等了半天，也没看见他出来，于是，我就去他家找他，他却在家看电视，我问他为什么耍我，他说他根本不知道我找他的事，我一生气，就骂了他。你说，这人怎么这样？"

心理导读 ◆◆◆

很明显，这两个男孩之间的冲突来自于一个小误会，只要找机会沟通，就能解释清楚。俗话说："结交新朋勿忘旧友，一如浓茶一如美酒，情谊之路长无尽头，愿这友谊天长地久。"这是一首儿童友谊歌，每个人都需要朋友，注重关系的孩子更是。尤其是当今独生子女家庭，朋友让孩子更懂得爱，也让孩子的人生路走得更平坦，因为有朋友的陪伴，孩子也可以有一个灿烂的未来！但如果和朋友发生冲突，又该如何解决呢？

专家建议 ◆◆◆

建议1　要让孩子懂得反省自己

你要告诉孩子一个道理，如果你的朋友中，个别对你有意见，可能是对方的问题，但如果你在大家中被孤立或者被众人排挤的话，估计就是你的问题了，此时，你要做的就是反省自己，看看自己哪里不对，你试想一下，你是不是太"自我中心"了——凡事很少为别人着想，自己想怎样就怎样，或对朋友不怎么关心等。

建议2　让孩子懂得控制自己的情绪

"血气方刚"是年轻人的专利，情绪失控时会造成很多悲剧。我们父母要帮助孩子学会控制自己的情绪和脾气，要告诉孩子："当你被激怒时，或者当你觉得自己血往上涌，只想拍桌子的时候，千万要转移注意力，或者离开那个环境，当你学会控制情绪时，你就长大了。"

建议3　告诉孩子要大度、宽容

我们要让孩子明白朋友之间，难免个性不同，生活习惯不同，要学会彼此尊重和包容。人都是重情谊的，你帮他，他也会帮你，互相帮助中，友谊更加深厚。在深厚友谊的基础上，彼此给对方提一些意见是很容易接受的。不是什么原则上的大错误，不要斤斤计较，多包容。

建议4　帮助孩子正确看待每个人的长处和不足

人无完人，金无足赤。我们可以告诉孩子："如果你发现你的朋友在外面彬彬有礼而跟你在一起有点粗鲁，可能正说明他真的把你当朋友，不能因为谁有某种不足就讨厌他，如果这个缺点不是品质上的，不是道德问题的话。大家能够走到一起，本身就是一种缘。"

建议5　让孩子多帮助别人和关心别人

我们要告诉孩子经常帮助别人的人，自己也会得到别人的帮助。"比如同学肚子疼了，给他灌一个热水袋，倒点热水；同学哭了，送他一块纸巾，拍拍他的肩膀，不用说话就能把关心传递过去，这都会让你和小伙伴的感情升温。"

总之，我们教育孩子，最重要的目的之一就是培养孩子的情商。随着年龄的增长，孩子的人际交往范围逐步扩大。人际关系中的矛盾，会使他们产生"困惑""曲解"或"冷漠"等消极心理，并导致他们产生认识偏差、情绪偏差，进而会做出不适应、不理智甚至极端的行为反应。因此，在孩子与人发生矛盾时，家长要加强教育，指导孩子学会处理各种人际关系中的矛盾，我们要帮助他从那种被排斥的感觉中逐渐成长，因为每一个人独特的与别人相处的方式，都是要经过一番努力才能获得的。当孩子开始有了自立、独立的能力后，有了与人交往的能力后，让他和同学、朋友一起玩，逐步提高谦让、忍耐、协作的能力。否则孩子总和父母与家人相处在一起，备受宠爱，培养不了这方面的能力，以后进入社会就不能很好地和同事相处。而教会孩子融洽地与人相处，你的孩子就可以利用人际关系登上成功的宝座！

五、让孩子拥有一颗感恩的心

1998年，清华大学有一个叫邹建的大二学生，他有着更大的求学愿望，他希望自己能进入哈佛大学深造，但此时，命运却跟他开了个玩笑，他的父母双双下岗了，这就意味着他和同

时在上大学的弟弟都有可能要辍学。坚强的邹建决定边打工边上学，生活十分辛苦。

邹建的情况很快引起了唐山市路南区工商局的重视，党委书记陈振旺率先发动起来，团委书记王阿莉很快与清华大学取得了联系，清华大学很快提供了邹建的相关情况，路南区工商分局决定每月捐助邹建400元，直到他大学毕业。一场跨区域的助学行动拉开了帷幕。"当时局里的36名青年团员每人每月出资10元，不够的部分就由工会补上。"一直参与此项捐助活动的王阿莉介绍说。

受到资助的邹建一直学习努力，他从清华毕业后，又顺利进入了哈佛深造，并在美国纽约的一家金融公司工作。

邹建是个懂得感恩的人，为了回报路南区工商分局的爱心，2006年2月14日，邹健的父亲给路南工商分局打来电话，告知邹建从美国寄来4000美元，他已兑换成人民币32125.60元寄给了路南区工商分局。

心理导读 ◆◆◆

案例中的邹建是个懂得感恩的人，而正是这份感恩的心，让他拥有了积极向上的人生态度，最终，他也收获了幸福的人生。

东汉文学家王符曾说："生活需要一颗感恩的心来创造。"从这句话中，我们能看到，一个人，如果能以感恩的心面对生活，那么，他看到的就是阳光，他就能感到幸福。

　　然而，不难发现的是，生活中，我们总能发现喜欢抱怨的孩子，他们喜欢抱怨学习太累、父母太唠叨，甚至会抱怨饭菜太差、衣服太难看等。其实，他们之所以经常抱怨，是因为他们缺乏感恩之心。对于这种情况，作为家长，我们有必要在孩子还在心智发展期的青春期就对其进行引导，让他们懂得父母养育他们之不易，知道所受到的爱是需要回报的，明白关心热爱父母家人是起码的孝心和良心，理解和帮助他人是最基本的社会道德。

专家建议 ●●●

建议1　让孩子明白，他无时无刻不在接受别人的帮助

　　可能你的孩子并未意识到，在他成长的道路上，他无时无刻不再接受他人的帮助，接受他人的恩惠，对此，我们可以告诉他："自从你出生，父母就在哺育你，教你做人做事的道理；跨入校门，老师就无怨无悔地把毕生所学传授给你；遇到难以解答的学习问题，好心的同学也总是帮助你；而国家和社会，也为你提供了安定的学习和生活的环境；甚至生活中那些陌生人，也在无形中对你提供帮助……"这样，孩子就会明白，他需要报答的人太多。一旦孩子有了一颗感恩的心，那么，他还会抱怨父母的不理解、老师的严厉吗？

建议2　引导孩子理解父母

　　我们可以语重心长地对他说："居家过日子，难免磕磕碰

碰，有时候，我们父母的行为、语言可能导致了家庭纷争，可能不太恰当，但请你一定要理解，我们都是希望你好……"

实际上，任何一个父母何尝不希望自己的子女能在生活中多关心一点自己呢？教会孩子懂得理解父母，他们会懂得知恩图报、孝顺父母。

建议3　告诉孩子不要忘记经常对身边的人说"谢谢"

有时候，孩子可能认为，周围人对他的帮助是理所当然，但我们要让他明白，没有谁应该对谁好，所以，你应该对他们说"谢谢"。

建议4　鼓励孩子为社会尽一份微薄的力量

一些孩子可能能认为，我只不过是个普通人，哪里能为社会做多大贡献。但家长要告诉孩子，社会就是由千千万万这样的普通人组成的，每个人只要身边做起，多关心国家大事，多关心慈善事业，那么，哪怕你只捐出一块钱，哪怕你只是简单地拾起了马路上的一片废纸，你也是为社会的发展尽了一份力量。

总之，懂得感恩的人是幸福的，我们如果希望自己的孩子内心快乐、平和，就要培养他们用感恩的心看待世界，这样，由于懂得体谅、理解和感激，关心尊重他人，他就会得到他人的肯定和信任，关心和帮助，他事的业就比较容易成功。他的内心存在真与善，知足与美好，就会有更多的快乐。

第六章

体察孩子内心的阴影：塑造孩子积极阳光的性格

瑞士著名的心理学家荣格说，播下一种行动，你将收获一种习惯；播下一种习惯，你将收获一种性格；播下一种性格，你将收获一种命运。我们不难发现，在我们生活的周围，有一些孩子总是很讨人喜欢，无论走到哪里，都有朋友，都不会感到孤单，这是因为他们有阳光般的性格，能让周围的人感到快乐。父母要教育孩子，不仅要教育孩子掌握知识、提高学习成绩，还要让他们在生活中逐渐形成自信、勇敢、豁达、乐观的个性品质，只有这样，孩子才能拥有一个乐天、愉悦的人生。

一、帮助孩子克服胆怯的弱点

一个小男孩正专心致志地拼装玩具超人。当他把超人拼装好时，被一个大个子男孩一把抢去，并被推倒在地。小男孩从地上爬起来，跑到妈妈面前哭诉。

原本妈妈应该去调查事情的真相，再严厉地批评大个子男孩一顿，然后安慰受伤的弱者，让抢玩具的孩子把玩具还给他，并且道歉认错。

然而这位妈妈没有这么做，她了解了事情的真相后，对挨打的男孩说："不要哭，你去把属于你的东西要回来。"

于是这个小男孩就跑上去夺回自己的玩具，还跟大个子男孩打了一架。虽然过程很辛苦，但他最后胜利了，妈妈看到了小男孩拿回玩具时自信的笑容。

心理导读 ◆◆◆

在生活中，家长往往教育孩子要学会谦让，或者通过成人的干预，为孩子解决难题，但却忽略了孩子应该从小懂得维护自己的权力和尊严，并在这一过程中获得自信。家长们，不妨放手，像那位妈妈那样，仅仅是给孩子一句鼓励，让他自己要回属于他的东西，同时，注意让他使用正确的方式。

培养孩子的勇气就必须从家庭教育开始。家长应鼓励孩子去战胜成长中遇到的困难。在遇到问题的最初阶段，孩子会不知所措，也有可能因受到伤害，产生抵触情绪，而丧失了自己解决问题的机会。但这是一个孩子成长不可缺少的阶段，所以我们要放手让孩子自己解决。

专家建议 ••••

那么，作为父母，该怎样帮孩子克服胆怯，让他有勇气面对生活中的种种问题呢？

建议1　让孩子树立自信心

父母应该让孩子知道，树立自信心是战胜胆怯退缩的重要法宝。胆怯退缩的人往往是缺乏自信的人，对自己是否有能力完成某些事情表示怀疑，结果可能会由于心理紧张、拘谨，使得原本可以做好的事情弄糟了。

因此，父母要教导孩子在做一些事情之前就应该为自己打气，相信自己有能力发挥自己的水平，然后按照想法自己去努力就可以了。

建议2　扩大孩子的交际和接触面

一般来说，怯于表现的孩子面对众多目光只是觉得不安，并非讨厌赞美和掌声，您只要看看他们投向同伴的目光就知道了。因此，家长应有意识地扩大孩子接触面，让孩子经常面对陌生的人与环境，逐渐减轻不安心理。闲暇时，带孩子和邻居聊上几句，帮孩子与同龄朋友一起玩耍，建立友谊；购物时甚至可以让孩子帮忙付钱；经常到同事、亲戚家串门；节假日，一家三口背上行囊去旅游，让孩子置身于川流不息的游客潮中……随着见识的增长，孩子面对别人的目光时，便会多几分坦然。

建议3 让孩子学会照顾自己

父母要时时处处注意培养孩子的独立性、坚强的毅力和良好的生活习惯，鼓励孩子去做力所能及的事情，让孩子学会自己照顾自己。当孩子遇到困难时，父母不要一味包办，而要让孩子自己想办法解决。

当然，开始时父母要予以必要的指导，使孩子慢慢学会自己处理各种事，而不能一下子就不问不管，否则会使孩子手足无措，更加胆小。

建议4 切忌与同龄孩子对比或者辱骂孩子

我们应该不失时机地与孩子沟通，给孩子以鼓励和赞扬，帮助并引导孩子努力克服自身的弱点，尽可能避免孩子因胆怯所造成的心理紧张，以缓解孩子的胆怯，促进孩子健康成长。

建议5 多鼓励孩子在众人面前表演

有了家长的肯定，如果再加上外人广泛的认可，孩子的自信心会得到强化。带孩子走出小家，鼓励他迎着外人的目光勇敢地展示自己，这个过程可能较长，孩子的表现也会有反复，家长应有充分的心理准备。不妨先从孩子较为熟悉的环境

入手，亲友聚会是个不错的选择，面对熟识的人孩子会比较放松。比如家长可以看准时机，轻声对孩子说："今天是外婆的生日，如果为外婆唱首歌，她一定特别高兴。"要注意的是，家长不一定非得当众大声宣布，要给孩子留有余地，众人期盼的目光或是善意的笑声都有可能加重孩子的排斥心理。如果孩子还是拒绝，家长不要再施加压力，给孩子个台阶下："是不是今天没有准备好呀？那下次准备好时再唱吧。"同时，为了减轻孩子的负面情绪，还可以给他一个微笑或拥抱，或找出别的理由对孩子进行肯定。

通过以上这些方法，当孩子获得赞美，体会到被肯定的喜悦时，自信心便会随之增强；而自信心的增强，反过来又会促使孩子勇于继续尝试。也许孩子一时并不能像那些天性外向、开朗的孩子那样乐于表现，但只要他能学会勇敢地展示自己，就是在把握机会，积极进步。长此以往，孩子自然也就不再胆怯了。

二、让孩子学会为自己"做主"

小星是一位电脑爱好者，平时一有时间，他就开始"钻研"电脑，但他的父母则明文规定，不许玩电脑，放学后必须做作业和练习，这让小星很不高兴，于是，放学后，他就尽量不回家，或去同学家或去网吧。不过说也奇怪，小星在这方面确实很有天赋，在市青少年科技创新大赛上，小星居然获奖了，这让他的父母吃了一惊，并重新认识了孩子"玩电脑"这一情况。但小星却不领情了，他用自己的奖金买了电脑，从此一放学就把自己关在房间里。有时候，父亲为了"讨好"他，主动向他请教电脑方面的知识，他也不理睬。

有一次，父亲听老师说小星自己建了一个网站，便想看看儿子的成果，这天，他看见自儿子的房门没关，电脑也开着，就打开看看，结果他却听到儿子在身后吼了一声："谁让你动我的东西？"因为自己理亏，父亲也没说什么，不过，从那以后，小星的房门上就多了一把锁。

心理导读 ◆◆◆

小星为什么不愿意和父母分享自己的个人爱好与努力成果呢？很简单，因为父母曾经否定过自己的爱好。很明显，面对孩子喜欢玩电脑，小星父母的处理方式不恰当，孩子对现代科技的爱好和探索，家长应予以正确的引导和鼓励，不能以一成不变、简单粗暴干涉的方式来约束他，应该突破传统教育的固定模式，家庭教育也需要与时俱进。

可能很多父母都会认为，孩子只要听话、省心就好，然而，可是，这样的孩子只能生活在父母的臂弯里，因为没有主见，更不能自立，这样的孩子是无法真正立足于社会中的，也

很容易迷失自己。

专家建议 ●●●●

我们父母需要在日常生活中培养孩子的自主品质，具体来说，我们需要做到：

建议1　尊重孩子的爱好，鼓励他做自己喜欢做的事

孩子一会儿喜欢做做这个，一会儿试试那个，家长便会担心孩子无心学习，或者染上什么不良的习惯、会接触社会上那些坏孩子等问题。有时候，我们越是干预，越是阻止，孩子越要去做。其实，我们应该做的首先就是相信他，你要告诉他，无论你选择什么，爸爸或者妈妈都相信你，但是你也要做出让爸爸妈妈相信你的事情，在保证学习不受影响的情况下，爸爸妈妈允许你做自己喜欢的事。

建议2　给孩子表达意愿的机会

相当一部分家长害怕孩子走了错路，习惯于事事为孩子做出决定，而少有征求孩子的意见；一旦孩子不遵从，就大加责备。其实，家长在任何时候都要注意让孩子充分表达自己的意愿，给他表达自主思想的机会。

孩子是喜欢探索的，作为父母的我们，要学会引导他们，而不是一味地压制和制定规则，如果你总是告诉不许这个，不许那个，那么，孩子很有可能变成什么都不敢尝试的懦夫。

建议3　不要总是命令孩子

很多家长在要求孩子做事时，往往喜欢使用命令句式，因为他们以为，孩子天生是听话的，应该由别人来决定他的一切，如"就这样做吧""你该去干……了"。而这种语气会让孩子觉得家长的话是说一不二的，自己是在被强迫做事，即使做了心里也不高兴。

家长不妨将命令式语气改为启发式语气，如"这件事怎样做更好呢""你是否该去干……了"，这种表达方式会让孩子感觉到家长对自己的尊重，从而引发孩子独立思考，按自己的意志主动处理好事情。

建议4　让孩子随时随地自主选择

家长对孩子自主选择的尊重，可以随时随地体现在最简单的日常生活中：

（1）吃得自主

当孩子能力所及时，在不影响他饮食均衡的情况下，家长可以让孩子自己选择吃什么。例如在吃饭后水果时，家长不必强迫儿子今天吃苹果，明天吃香蕉，而让孩子自己挑选。

（2）穿得自主

孩子也喜欢好看的衣服，家长带孩子外出玩耍时，在保证安全、健康的前提下，可以让他自己决定穿什么衣服，切忌随自己喜好而不顾他的感受。

（3）玩得自主

不少孩子在玩游戏时，并不想让成人教给他们游戏规则，更愿意自己决定游戏的方式，并体验其中的乐趣。家长可让自己选择玩具和玩的方法，这样做可以极大满足他的自主意识，帮助他成为一个有主见的人。

当然，我们家长不给孩子制订太多的规则，不代表没有规则。具体事情要具体对待，可根据他出现的问题临时性给他制订规则，但一定要征求他的意见，请他参与到规则制订中来。

三、如何帮助孩子摆脱自卑

王女士虽然是个比较胖的女性，可是她自信、开朗、人缘关系很好，大家都愿意和她来往，现在她想起当年那些嘲笑自己的小伙伴，她一笑而过。

可是最近王女士仿佛看到了当年那些场景再现。有一天下班后，她来学校接女儿，就在学校墙角那里，她看到一群男生在欺负女儿。

"小胖妹，又矮又胖，将来嫁不出去咯。"

"这么胖，也跟人家一样穿紧身牛仔裤啊，真难看。"

"我见过她妈，哈哈，他们全家都是胖子啊。"

……

听到这些后，王女士的女儿真的生气了，她捡起地上的木棍，朝这些男生打过去。看到这一幕，王女士赶紧走过去，准备拉女儿走开，但没想到女儿却对自己的说："都是你的错，把我生这么胖，我才被同学们笑话！你滚开！"女儿发脾气的样子，真的让王女士震惊。

"难道是我错了，我以为女儿和我一样自信，这个咆哮的女孩子真的是我的女儿吗？"

心理导读 ◆◆◆

事实上，和王女士的女儿一样，很多的孩子的心里都住着一个魔鬼——自卑。通常来说，我们都认为，那些自卑胆小的孩子脾气会更温顺，更听话，但事实上往往相反，这些自卑的孩子更敏感。但对于那些自信、情绪外显的孩子，他们更善于抒发内心的情感，因而懂得自我排解不良情绪，而那些自卑、内向的孩子，他们会把内心的不快郁结在心中，当他们的自卑处被挖掘出来的时候，他们的脾气就会爆发出来，甚至一反常态，这就是王女士感叹："这个咆哮的女孩子真的是我的女儿吗？"

对于孩子来说，他们大部分的时间都生活在集体中，自然很容易把自己和周围的朋友、同学相比，当自己的某一方面不如他们的时候，自卑感油然而生，把这种不如人的想法积压在心中，甚至不愿意与朋友、同学相处。因此，他们往往很敏感，抱有很大的戒心和敌意，不信任别人，一点惹不起，芝麻

绿豆大的小事也会引发一场轩然大波。

专家建议 ••••

通常来说，他们之所以会有自卑心态，主要是因为三个方面的原因：学习成绩不如人、家庭条件不如人或者身体上的缺陷等，那么，作为家长，我们该如何帮助孩子消除自卑呢？

建议1　鼓励孩子以自己的方式追求自我

的确，青春期的孩子都标榜个性张扬、个性解放，他们有自己喜欢的发型、音乐、明星、服装等。而父母是无法接受甚至看不惯孩子的这种表达个性的方式的，他们有自己的审美眼光，他们会认为孩子的这种行为是哗众取宠，认为孩子无法理解。而实际上，这是孩子内心世界的一种表达，是疏导青春期不良情绪的一种方法，而如果家长加以压制，表面上看，你的孩子会听话、懂事，但实际上，他们会觉得自己落伍了、脱队了，自卑心也很容易滋生。例如，别人无意间说一句"你穿的衣服真土"，孩子就会怀疑自己穿衣品位和审美眼光，不仅如此，孩子还会产生郁闷、愤怒等情绪。

建议2　教会孩子掌握一些消除自卑的方法

其实，每个孩子身上都有无法代替的优点和潜能，你需要教会孩子懂得自我发现并发挥出来，那么，他就能自信起来。你不妨告诉孩子以下方法：

想一想：对于挫折，你要换个角度来想，挫折和失败是对人的意志、决心和勇气的锻炼。人是在经过了千锤百炼后才成熟起来的，重要的是吸取教训，不犯或少犯重复性的错误。

比一比：与同学、好友相比，这没错，但不能只看到自己的缺点和不如人的地方，你要这样想，我虽说比上不足，但比下有余，及时调整心态，以保持心理平衡。不因小败而失去信心，不因小挫折而伤掉锐气。

走一走：到野外郊游，到深山大川走走，散散心，极目绿野，回归自然，荡涤一下胸中的烦恼，清理一下浑浊的思绪，净化一下心灵的尘埃，换回失去的理智和信心。

作为家长，我们都知道，如果我们总是用消极的心态对待一切事情，那不但什么事情都做不好，而且还会使自己产生无能、绝望的情绪。所以，在日常的生活中，家长就应时刻引导孩子，遇事要多向积极的方面考虑、用乐观的心态看待一切事情等。当孩子拥有积极的心态后，他们往往就能很自然地保持积极的自我情感体验了。

四、除掉孩子心中"嫉妒"这颗毒瘤

彤彤妈妈有一天正走出小区，准备上班去，碰到了楼上的邻居，这个邻居的儿子也刚上初一，和彤彤在一个学校。

邻居对彤彤妈妈说："现在的孩子，怎么小小年纪就有

嫉妒心呢？对门张姐的女儿成绩好，我无意中夸了一句，儿子就愤愤不平地说：'老师包庇她。'开始我也没当回事。期末考试前，那女孩的几张复习的试卷丢了，就来我们家，向我儿子借着复印，儿子一口咬定卷子借给表妹了。可是儿子根本就没有表妹，而且，那天晚上，我看见儿子的书桌上竟然有两份复习试卷，很明显，那女孩的试卷是被儿子偷了。我当时真是六神无主了，儿子怎么会这样呢？我意识到问题的严重性，焦虑万分，因为任何思想成熟的人都明白嫉妒是思想的暴君，灵魂的顽疾，我想帮助儿子改掉嫉妒的陋习，可我真不知道怎么办？彤彤妈，你说我该怎么办？"

心理导读 ◆◆◆

我们每个人都生活在一定的人际范围内，都会不自觉地常常喜欢与他人作比较，但当发现自己在才能、体貌或家庭条件等方面不如别人时，就会产生一种羡慕、崇拜，奋力追赶的心情，这是上进心的表现。但有时也会产生羞愧、消沉、怨恨等不愉快的情绪，这后者就是人的嫉妒心理。

不只是我们成人，我们的孩子也渴望友谊，每个孩子也都有几个朋友，但似乎这些孩子间都有一个威胁友谊的最大的杀手——嫉妒，因为在同龄的孩子之间，往往免不了竞争，因此，一些孩子在面对比自己优秀、比自己成功的朋友时，就会产生心理不平衡，"和他做朋友，感觉自己像个小丑一样，简直是他的附属品"，这种心理很多孩子都有过。

作为孩子的第一任老师，父母在培养孩子健康的竞争心态上起着极为重要的作用。在培养孩子竞争意识的过程中，也应让孩子明白，竞争不应是狭隘的、自私的，竞争应具有广阔的胸怀；竞争不应是阴险和狡诈，暗中算计人，而应是齐头并进，以实力超越；竞争不排除协作，没有良好的协作精神和集体信念，单枪匹马的强者是孤独的，也是不易成功的。

专家建议 ●●●

建议1　让孩子认识到嫉妒心理的危害

只有改变孩子的认知，让孩子认识到嫉妒的危害性，他才会有意识地克服妒忌心。那么，妒忌心的危害有哪些呢？家长不妨为孩子列出以下几条：

第一，对自己来说，嫉妒只能说是一种自我折磨，因为嫉妒憎恨别人又无法启齿。这样，只会让自己在痛苦中煎熬。有人曾说过嫉妒心是不知道休息的，它具有最持久的消耗力，会直接影响到人的身体健康；不仅如此，心怀嫉妒的人，往往妒火中烧，忧心忡忡，人际关系不良。因为通常情况下，心怀嫉妒的人会把这种消极情绪转化为行动，比如，对被嫉妒者冷言冷语、背后说坏话、故意挑毛病等方式，设法令对方难堪，打击自信心。

第二，对别人来说，被嫉妒者往往因挫折反而勇敢进取更

显优秀。当你对那些被嫉妒者给予伤害时，只能激发对方的斗志，那么，对方便会更加进步，而你只能停留在嫉妒中不可自拔，可见嫉妒无损他人而折磨自己。

第三，嫉妒是丑陋的。从近处说它破坏友谊。集体中互相学习互相帮助，共同进步的正气多么令人愉快，而嫉妒者不顾同学之情，朋友之谊，为发泄憎恨而干损人不利己的蠢事，结果只能被嘲笑和孤立。从远处说，一旦道德堕落，干出伤天害理之事，还将受到社会谴责、法律惩处。

建议2　教育孩子在竞争中要学会宽容

现实生活中，部分在竞争中失败的孩子，往往会流露出不高兴的情绪，会对对手充满敌对情绪，从这点，也能看出这些孩子还不能用正确、积极的态度面对竞争，这就要求我们在培养孩子竞争意识的同时，还要培养孩子好的竞争心态，要告诉孩子，在竞争中要宽容待人，让他明白竞争应该是互相接纳和包容的，而不是狭隘的、自私的。

建议3　教孩子在竞争中合作

竞争愈是激烈，合作意识就愈是重要。唯有竞争没有合作只能造成孤立，带来同学关系的紧张，给自己平添许多烦恼，对生活和事业都非常不利。

比如，你可以告诉孩子："这次比足球赛中，××队的确赢了，但你发现没有，他们这个团队合作得非常好，实际上，你所在的团队每个队员都有各自的优势，但却有个缺点，那就是你们好像都只顾自己，这是比赛中最忌讳的。"

总之，作为家长，培养孩子的竞争能力，就要让孩子明白只有与嫉妒告别的人，才有可能获得最后竞争的胜利，取得优秀业绩。

五、帮助孩子走出抑郁的困境

明明曾是那么充满活力的一个孩子，学习成绩一流，还是学校排球队的队长。他在教学楼的走道里，停下来向每个他认识的老师和同学问好，但仍然可以快速地准时在上课之前赶到教室。但现在，他却不再问候任何人，动作也不再敏捷。他看起来并没有病，他说自己没有精力，在快要考试的这段时间，他也不能集中注意力。后来经心理医生诊断，他患了抑郁症。

心理导读 ◆◆◆

和明明一样心理抑郁的孩子并不少见，抑郁的表现形式各有不同，对孩子影响最普遍的形式是：

（1）大部分时间感到沮丧或忧愁；

（2）缺乏活力，总是感到累；

（3）对以前喜欢做的事情缺乏兴趣；

（4）体重急剧增加或急剧下降；

（5）睡眠方式的巨大改变（不能入睡、长睡不醒或很早起床）；

（6）有犯罪感或无用感；

（7）无法解释的疼痛（甚至身体上没有任何毛病）；

（8）悲观或漠然（对现在和将来的任何事情都毫不关心）；

（9）有死亡或自杀的想法。

生活中，不少孩子也可能出现其他症状。由于逃课或缺乏兴趣和动力，他们在学校的问题会越来越多。他们也可能拒绝管教、开始大量饮酒或使用毒品，以此来表示他们的愤怒和漠视。总之，任何形式的抑郁都使孩子感到孤立、恐惧和非常不快乐。抑郁的孩子不知道自己哪里不对，他只知道自己的感觉糟透了，不像以前的自己。当他感觉越来越糟的时候，他会感到自己越来越没有力量：不能控制自己的心情和生活，好像有一种神奇的东西在控制自己。某些青少年努力通过饮酒、吸毒来排解抑郁的痛苦，这只会使抑郁更严重。还有一些人则试图自杀。

可见，抑郁这种消极心态对孩子成长的影响，家长帮助孩子赶走抑郁刻不容缓，这才会让孩子重新找回快乐。

专家建议 •••

那么，家长应该怎样做呢？

建议1 让孩子爱好广泛

开朗乐观的孩子，一定也是个爱好广泛的孩子，而如果孩子只有一种爱好，那他很容易因为暂时无法拥有这一爱好而不快乐，比如，对于只爱看动画片的来说，如果这天晚上不播放动画片，他就会不快乐、生气等，相反，假如他还喜欢跑步、照顾小动物或者看书的话，那么他的生活将变得更为丰富多彩，由此他也必然更为快乐。

建议2　引导孩子摆脱困境

即便是那些天性乐观的孩子，也不可能万事顺心，但是大部分的孩子遇到了困难，能自我调节，将内心的失意与不快消化掉。我们父母最好能在平时的生活中着力培养孩子应对困境的能力，如果孩子暂时无法摆脱，那么，可以让孩子学会忍耐，做到随遇而安。

建议3　让孩子拥有自信十分重要

自卑的孩子不会开朗、乐观，自信的人才会快乐。对于那些内心自卑、不快乐的孩子，父母一定要在生活中发现他们的长处，及时给予赞扬和鼓励，逐步帮助孩子克服自卑、建立自信。

建议4　不要对孩子"控制"过严

不妨让孩子在不同的年龄段拥有不同的选择权。如允许2岁的孩子选择午餐吃什么，允许3岁的孩子选择上街时穿什么衣服，允许4岁的孩子选择假日去什么地方玩，允许5岁的孩子告诉买什么玩具，允许6岁的孩子选择看什么电视节目……只有从小就享有选择"民主"的孩子，才会感到快乐自立。

建议5 鼓励孩子多交朋友

不善交际的孩子大多性格抑郁，因为享受不到友情的温暖而孤独痛苦。性格内向、抑郁的孩子更应多交一些性格开朗、乐观的同龄朋友。

建议6 教会孩子与他人融洽相处

与他人融洽相处有助于培养快乐的性格，因为与他人融洽相处者心中较为光明。父母可以带领孩子接触不同年龄、性别、性格、职业和社会地位的人，让他们学会与不同的人融洽相处。此外，父母自己应与他人相处融洽，热情待客、真诚待人，给孩子树立起好榜样。

所以，作为家长，当你发现孩子有一些抑郁症状时，应引起重视，多鼓励孩子，发现并表扬孩子的优点，树立孩子的自信心。家长可为孩子选择幽默、笑话、歌舞等类的影视节目或图画书，建立轻松愉悦的生活环境。让孩子记录自己的优点，记录一些愉快的事情，并每天拿出来看一看，建立自信和良好的情绪。

第七章

关注孩子的心理健康：父母一定要懂的心理学常识

　　作为父母，我们都"望子成龙""望女成凤"，都希望孩子能出类拔萃，但这并不是家庭教育的全部内容，孩子毕竟是孩子，我们除了要让孩子学到文化知识和生存技能外，还要时刻关注他们的心理健康。另外，如果我们不能掌握孩子的独特心理、不了解他们的成长困惑，不掌握一些打开孩子心门的心理学方法的话，那么，我们便很容易陷入"孩子冲动叛逆，父母气急败坏"的教育困境。所以，我们有必要学习一些心理学常识，只有这样，才能有的放矢地帮助孩子解决在成长中遇到的困惑，使其快乐无忧地成长。

一、一定不要忽视孩子的心理健康问题

据媒体报道，湖北省荆州市一名女中学生，学习成绩很好，喜欢帮助同学，人缘关系不错，老师和同学都很喜欢她。但有一次，一个学习成绩差的同学让她帮忙作弊，谁料没有作弊过的她因为紧张过度被老师发现，最终被老师赶出考场。事后，她对这件事一直耿耿于怀，最后羞愧地跳入长江自杀身亡。对这名女中学生自杀事件，人们从各个角度在报纸上展开了大量讨论，谈得最多的还是孩子的心理健康问题。

心理导读 ◆◆◆

我们不得不承认，孩子在成长的过程中，总是会遇到这样那样的问题，这需要身为父母的我们进行引导，对孩子脆弱的心灵进行呵护，而不难发现，一些父母认为，教育孩子，只要让他们努力学习即可，实际上，学习知识只是对孩子教育的一个方面而已，家庭教育的一个重要职责是让孩子拥有健康的心理素质和独立完善的人格，否则，孩子永远无法独立于世。

北京大学儿童青少年卫生研究所公布的《中学生自杀现象调查分析报告》显示：中学生5个人中就有一个人曾经考虑过自杀，占样本总数的20.4%，而为自杀做过计划的占6.5%。其根

源都与心理承受力有关。

我们的孩子将来会生活在一个更多变化的社会，他们将会面对职场的激烈竞争，复杂的人际关系，也免不了一生中遭遇情场失意，事业困境，生意败北……总有一天，我们要先我们的孩子而去，如果孩子没有过硬的心理素质和健康的心理状态，如何在这样激烈的竞争中取胜呢？

所以，作为父母，要时刻观察孩子的行为动态和心理变化，关注他们的心理健康，一旦发现他们出现了心理问题的苗头，就要及时做好指路人，帮孩子疏导心理问题，以防问题积压，酿成大错。

专家建议

作为家长，要这样做：

建议1 为孩子营造和谐的家庭环境

父母、家庭成员之间相亲相爱、关系和谐，这是融化孩子所有心理问题的前提，事实上，在这样的环境下成长的孩子出现心理问题的概率更小。对此，专家建议，家长应为孩子提供一个安定、和谐、温馨的家庭氛围，要让孩子一颗纷乱的心安定下来，这样孩子才会接纳来自父母的帮助。

建议2 随时观察孩子的情绪和心理变化

父母在生活中不要只关心孩子的学习成绩、名次，也要关心他们的情绪变化，比如孩子在学校有没有受到什么委屈，学习上是不是有挫败感，最近跟哪些人打交道等。当然，了解这些问题，我们要通过正面与孩子沟通的方法，不要命令孩子，也不可窥探，孩子只有真正感受到来自父母的关心，才愿意向你倾诉想法。

事实上，我们的孩子的都是脆弱的、敏感的、容易受伤的，当孩子出现不良情绪时，你要让孩子尽情宣泄，就让他去哭个涕泪滂沱，而不是劝孩子"别哭别哭""男孩子不能哭"这样的话。告诉孩子："我知道你很难过。"或者什么都别说也好，给孩子独处的空间和时间去消化自己的情绪，帮孩子轻轻带上门就好。

建议3　压力是百病之源，帮孩子卸下心理压力

曾经有这样一则调查报告，报告称：在被访的中学生中，35％的学生称"做中学生很累"，有34％的学生表示有时"因功课太多而忍不住想哭"，对于孩子遇到的高强度的学习压力，不少父母给予的并不是理解，而是继续施压，让很多父母恐慌的是，在被调查的学生中，竟然还有1/5的学生有过"不想学习想自杀"的念头。

建议4　在生活中着力培养孩子的意志力

有一个中学男孩，其父母都是老师。在小学时，他的成绩一直名列前茅，从来都没有考试失利过，随后顺利考入某重点中学，但入学后，这所学校和他一样的尖子生比比皆是，他很难再独占鳌头，于是，他在一次考试失利后，选择了离家出走。

现在的孩子的心理承受能力越来越差。在学习方面，过分注重自己的学习成绩，只要一次考试成绩不理想，就难过万分，甚至开始讨厌读书学习；人际关系方面，他们把自己封锁起来，不知道怎么与同学、老师打交道；被老师、家长偶尔批评一次就产生逆反情绪而离家出走等，这些都是孩子输不起的表现。

然而，这些问题，"病"在儿女，"根"在父母。父母对孩子过多的照顾和过度的保护，使孩子无法得到磨炼，没有经受困难与挫折的心理准备和能力。表面上看，这些孩子个性十足，其实内心里十分脆弱，就像剥离的蛋壳，稍一用力，就成了碎片。

总之，对待孩子心理偏离的这一问题，我们首先在平时应注意观察孩子心理情况。当孩子出现心理偏离时，父母首先要做的就是从自己的角度去找原因。假如孩子只是轻度的心理偏离，只需要父母改变教育方式即可，而孩子出现了明显的心理偏离时，比如孩子产生学习困难、交流障碍时，则要求助于专业人士了。

二、孩子患有心理疾病会有怎样的症状

张女士最近发现，女儿阳阳最近总是失眠，晚上熬到三点多才能勉强睡去，可是，一会儿又会醒来，上课的时候，也开

始注意力不集中，老师讲的内容听不进去，大脑空空。一回到家，她就自己关上房门，有几次，张女士都看到女儿莫名地流泪，问她什么，也不说，只是经常告诉张女士："我好累。"起先，张女士并没有在意，以为女儿肯定是最近学习压力大了，心想带女儿出去逛逛街，应该情况会有所好转，但事实并不是如此。最后，无奈的情况下，张女士带着女儿来看心理医生。

阳阳告诉医生："我从不认为自己很差，但我觉得自己像'白开水'。我感觉自己既不是很可爱也不是不可爱，觉得自己没有任何特别的地方。小时候，我常受到父母的忽视。他们从未虐待过我，也没有关注过我。由于生活中没有人在乎过我，这使我产生了空虚感。"

心理医生后来告诉张女士，原来阳阳患了抑郁症，庆幸的是，病情还不是很严重，经过几个月的治疗与疏解，阳阳的情况改善了很多。

心理导读 ◆◆◆

阳阳的情况并不是个案，不少孩子都遇到过，而作为父母的我们也为此担心。近年来，各类媒体报道中经常出现孩子的悲剧：孩子轻则不与人交流、自闭，重则砍杀父母、自虐自杀……一宗宗骇人惊闻的报道，触目惊心、入耳心寒。孩子原本是父母、教师和祖国的希望，何以会出现上述令大家匪夷所思的行为呢？其实这是因为我们的孩子有了心理疾病。

近年来，家长、教师及一些专家和心理医生都发现，越来越多的孩子经常出现头疼、失眠、记忆力减退等神经衰弱的情况。这都是心理疾病的症状。对于儿童来说，除了儿童孤独症、儿童多动综合征以外，有夜惊症、强迫症、恐怖症等心理疾病的儿童已达到病人总数的10%左右。

专家认为，孩子有心理疾病，会在行为、言语、生活习惯上表现出来，这应该引起老师和家长注意。

专家建议 ••••

专家建议家长要注意孩子在生活中的行为变化和原因，多和孩子沟通，看看孩子是否有心理障碍。

建议1 抑郁症

抑郁症的表现有：大部分时间感到沮丧或忧愁；缺乏活力，总是感到累；对以前喜欢做的事情缺乏兴趣；体重急剧增加或急剧下降；睡眠方式的巨大改变（不能入睡、长睡不醒或很早起床）；有犯罪感或无用感；无法解释的疼痛（身体上没有任何毛病）；悲观或漠然（对现在和将来的任何事情都毫不关心）；有死亡或自杀的想法。

心理专家认为，能否敞开心扉是抑郁症患者能否摆脱抑郁的关键。作为家长，要在生活中多观察你的孩子，如果孩子有以上症状，表明你的孩子抑郁了，你要帮助孩子敞开心扉，必要的情况下要带孩子咨询心理医生。

建议2　强迫症

强迫症多表现为敏感多疑、过分克制、思虑过多、优柔寡断、注重细节、做事要求十全十美。生活中，如果你的孩子总是重复做同一件事、无法停止时，就有可能患上了强迫症，精神医学家又称之为强迫性神经症。它是指以强迫观念和强迫动作为主要表现的一种神经症。

建议3　恐怖症

恐怖症表现为性格怯懦、胆小害怕、内心总有不安全感。

我们还应特别注意观察孩子有没有"心理问题躯体化"表现，所谓"心理问题躯体化"就是孩子的一些心理问题会表现在身体上的不适，比如产生一些困惑，如紧张、焦虑等不良情绪后，告诉家长或医生的则是头疼、失眠、胃不舒服、没劲儿等。

另外，一些孩子在出现心理问题前，还存在一定人格上的缺陷，多数患者发病前，人格上有一定的缺陷。发病时则与心理、社会因素有关。比如：强迫症多数是由精神创伤或紧张、痛苦的心理压力诱发的。所以从小开始培养孩子具有健康的人格十分重要。

总而言之，不管你的孩子现在孩子多大，只要是发现孩子出现行为异常、学习困难、睡眠障碍、性格缺陷、情感障碍、社交不良、性角色偏差等情况，都应该及时带孩子去心理门诊，请心理医生和你一起关注孩子的心理发展，帮助孩了健康成长。

三、被溺爱的孩子更容易心理扭曲

司马光系北宋大臣、史学家，他的一生不仅自己生活十分俭朴，更把俭朴作为教子成才的重要内容。他十分注意教育孩子力戒奢侈，谨身节用。

他常说"平生衣取蔽寒，食取充腹"，但却"不敢服垢弊以矫俗于名"。他教育儿子说，食丰而生奢，阔盛而生侈。为了使儿子认识崇尚俭朴的重要性，他以家书的体裁写了一篇论俭约的文章。在文章中他强烈反对生活奢靡，极力提倡节俭朴实，并明确指出：古人以俭约为美德，今人以俭约而遭讥笑，实在是要不得的。他告诫儿子："侈则多欲。君子多欲则贪慕富贵，枉道速祸；小人多欲则多求妄用，败家丧身。"

司马光还不断告诫孩子说：读书要认真，工作要踏实，生活要俭朴，具备这些道德品质，才能修身、齐家，乃至治国、平天下。在他的教育下，儿子司马康从小就懂得俭朴的重要性，并以俭朴自律。他历任校书郎、著作郎兼任侍讲，也以博古通今，为人廉洁和生活俭朴而称誉于后世。

心理导读 ◆◆◆

司马光的教育方式值得我们现代社会的很多人学习，我们教育孩子就是要培养他们能吃苦、勇敢、坚韧、独立、有责任感、真诚坦率、机智果断的品质。而那些被溺爱的孩子，就被剥夺了这样一个品质形成的过程，也就更容易心理扭曲。

　　大量数据表明，心理扭曲的孩子中间，不少是被父母惯坏的孩子。生活中这样的例子并不少见，由追星导致自杀是因为盲目崇拜；对同学泼硫酸是因为嫉妒；攀比是由于虚荣；刻苦却失败也许是因为紧张，也许是因为拖延或意志薄弱等。面对这样的事实，家长们和很多教育人士不禁要问：这些孩子们到底怎么了？

　　根据他们的成长环境，我们不难发现，他们的生活条件更优越，他们衣来伸手、饭来张口，父母对于他们期望值很高，但实际上，他们根本没吃过苦，家长希望他们独立，而家长想培养的孩子的独立性只是表面现象。他们所谓的不管孩子，是给他们大量的金钱，让其挥霍，放任自流，家长固执地认为"不管"孩子就能使其有独立性，其实长期"不管"孩子不但不能使其真正独立和健康成长，反而会给孩子的心理带来伤害，这使得孩子产生对金钱的依赖性，并且还有一定的攻击性。

　　还有一些孩子，他们受到了教育的"温室效应"的毒害，教育的"温室效应"主要是指受教育者受到家庭、社会、学校尤其是家庭方面的过分溺爱，造成他们任性固执、追求享受、独立性差、意志薄弱、责任感淡漠等弱点的社会现象。面对这些现象，作为家长，应该引起重视。

专家建议 ●●●

建议1　让孩子独立面对生活中的问题

现实生活中，很多家长爱子心切，舍不得让孩子吃一点点苦。他们舍不得让孩子放弃优越的环境，舍不得让孩子离开父母的保护，舍不得让孩子自己去奋斗，甚至是一点小小的生活问题，都为孩子打理的很好。当孩子面对一点小挫折时，也总是让孩子站在自己的身后，替孩子解决，于是，今天的很多孩子就一直在父母长辈的过度保护和关爱之下成长。这种环境中成长的孩子自私任性，不知道每一粒米都来之不易，也不知道如何料理自己的生活，经受不起一点波折和苦难，事事依赖别人，长大后也难以自立。父母爱孩子的正确做法，是应该让他独自去面对，摔倒了，让他自己爬起来，几经摔倒和磨难的孩子定会理解父母的爱和良苦用心，孩子会得到一笔宝贵的人生财富。一个人一点苦不吃，一点苦不受，怎么能得到财富呢？

建议2　教育孩子形成一种艰苦朴实的生活作风

我们常说"大富由天，小富从俭""聚沙成塔""滴水穿石"，都说明了节俭在生活中的重要，真正聚集生活的财富，除了要"开源"，还要"节流"，别忽略了"当用不省"的道理，否则不就成了"守财奴""铁公鸡"，有可能委屈自己又影响了生活质量，甚至失去了助人行善的机会。父母要教育孩子把金钱用在刀刃上，比如，可以带孩子经常参加一些社会公益活动，让他认识到金钱的真正价值。

建议3　设置一些苦难情境

家长可以带孩子参加一些公益活动，认识到人性的美好和苦难，增强他战胜困难的信心。

总结起来，身为父母的我们要想让孩子拥有坚韧的心理品质，就要在其成长的阶段，多给孩子独自面对的机会，相反，溺爱更容易使其心理扭曲！

四、孩子的自尊心该怎样维护

小宁已经三天没回家了，这让周太太和丈夫如热锅上的蚂蚁，小宁一直是个很乖巧听话的孩子，他还是学校初三年级的学生会主席，这次怎么突然说不见就不见了呢？

给了学校打了几次电话之后，周太太才了解到，原来前几天儿子代表学校参加了全市初中生英语演讲大赛，而因为紧张，他表现不大好，没拿到奖项，被学校的一些同学嘲笑了几句，原本儿子打算把这次的奖状当做是自己15岁的生日礼物，但没想到却是这样的结果。周太太明白，小宁一直都很好强，但这次的失利无疑对他来说是个很大的打击，更别说被同学在背地里说来说去了，怪不得这对儿子会"玩失踪"，后来，周太太想到一个地方——小宁外婆去世前留在农村的老房子。果

然，小宁就在那里，见到爸爸妈妈，小宁哭了，哭得很伤心。

心理导读 ◆◆◆

案例中的小宁之所以失踪，是因为失败后被同学嘲笑而感觉自尊心受到打击。的确，自尊是人活于世的根本，自尊才能自信，才能自强，而作为父母，一定要维护孩子的这种自尊心，只有这样，孩子才能以健康的人格和心态去迎接社会，而自信必不可少。

可是生活中，很多父母面对孩子情绪不对或者陷入困境时候，不是采取鼓励的措施，而是打压或者生硬地斥责；也有一些父母，总是希望自己的孩子能按照自己的意愿行事，结果导致孩子叛逆、自卑等，其实，这都是对孩子的不尊重，也伤害了一个孩子的尊严，对于成长期的孩子，我们只有给足尊严，他才会自信。

专家建议 ◆◆◆

建议1 尊重孩子的个性

每个孩子都是与众不同的，如同我们不可能找到两朵相同的花儿。每个孩子都有不同的感受事物的方式、玩耍的方式、思维的方式、学习的方式、享受的方式。正是这些"个别的特性"使他与众不同。

因此，家长要尊重孩子的个性，只有真正地了解你的孩子，才能根据其个性打造其独特的人生，让他更自信的生存。

建议2　孩子也要面子

俗话说："树要皮，人要脸。"孩子也和成年人一样，他们也有"面子"，也需要得到众人的尊重。当他做得不好时，你马上指出来的话，有没有考虑场合，考虑他的自尊心呢？

如果你当着别人的面说："看人家多自觉，你能不能长进点？"你会发现，孩子以后的问题会越来越多，而且越来越不听话。因为你不给孩子留面子。如果你当着老师的面、亲戚的面数落他，那情况就更糟，他要么变成可怜的懦夫，要么成为一个偏激者。因此，父母切记：不要在孩子面前说太多坏话。否则，你的"抱怨"会毁了孩子的社会形象，也毁了自己在孩子心中的形象。

建议3　不要总是负面地评价孩子

一般来说，如果孩子学习成绩不好或者在竞争中不断受挫时，一般会出现负面情绪，此时，我们要对孩子的归因引导应有一定的引导策略，孩子输了的时候，不出现"是因为你笨！"之类的评价，避免孩子将失败归因于自己能力差等内部因素，引导孩子在竞争中学会分析自己的能力、任务的难度、客观环境等，客观地进行归因。

建议4　尊重孩子的观点，比如多和孩子交流，听听孩子的心声

"我爸爸非常专横。他不和别人讨论任何问题。他只是表明

他的观点并宣称其他人都是愚蠢无知的。他总是试图告诉我该思考什么，如何做每一件事。小时候不懂事，我以为爸爸是对的，可是长大后，他还是这样，到最后我只能对他的任何话都充耳不闻。"

这是一个12岁女孩的心声，或许这也是很多这个年纪的孩子的心声，做父母的很容易因为自己的身份和智慧而变得过于自信，而在毫无察觉的情况下做出一些宣告、决定和断言，压制了孩子日益成长的寻求自身对事物独立看法的要求。这实际上是要让他按照你的观点和价值观来生活。这种"统治方式"造成的结果无非有两种，孩子的叛逆或者自卑，没主见、不自信。家长要明白，你越是将自己的观点和价值观强加于他，并自以为他会与你分享，他拒绝接受它们的可能性就越大，即便一个较小的孩子也是如此。

建议5 帮孩子找到竞争的优势

我们要鼓励孩子，告诉他不必过分在你别人的评价，要相信自己。每个人都不可能是全才，有长处也有短处。能帮助孩子找到自己的优点，帮助孩子建立坚定的自信，这是我们家长首先要做的。家长要引导孩子挖掘自己的优点，不断强化，使孩子走出自卑的困扰而变得自信起来；帮助孩子发现自身优点和长处是克服害怕竞争的良方。

以上这些方式都是家长应该学习的，用正确的方式引导孩子的行为，维护好他的尊严，才不会伤他自尊，这也是让孩子维持自信的最佳方式！

五、别忽视了孩子的自我认同感

有位家长这样陈述自己的教女经历：

"我女儿从两岁时，就希望自己是个男孩，为了让女孩喜欢自己是个女孩，我首先带女儿逛儿童服装店，欣赏女孩服装，看到色彩鲜艳、款式多样的女童装，女儿恨不得让我把所有服装都买回家给她穿。我再带她到外婆家看表哥的衣服，一对比，孩子就发现：男孩的衣服不如女孩的好看。我说：'要是变成男孩了，只能穿和哥哥一样的衣服了。'女儿似懂非懂地点点头。晚上洗澡的时候，我还对她说：'我们女孩还很讲卫生，从来不随地大小便。'洗完澡，我给她穿上漂亮的裙子，让她照镜子，欣赏自己。我说：'做女孩多好哇！妈妈帮你变成男孩吧，把你的漂亮衣服送给别的小朋友吧。''不要！'女儿急着叫了。"

心理导读 ◆◆◆

很明显，这位妈妈是个有心人，她之所以让引导女儿爱上女孩子的服装，就是为了让孩子认同自己的性别，对性别的认同是自我认同感的一个方面，的确，一个人只有喜欢和认可自己，才有可能被人喜欢，才会有勇气和自信去赢得别人的认同。

其实，每个孩子都是一个独立的生命个体，都有着无法复制的一些特征，正是这些特征，让孩子在父母心中有无法替代的位置。一个孩子只有接受并喜欢自己，包括优点和缺点，相信自

己是最棒的，才能在人生的路上勇往直前、无所畏惧。著名宗教领袖马丁·路德金说过："世界上所做的每一件事都是抱着希望而做成的。"接受并喜欢自己，是建立自信和勇气的前提，而这就需要父母的富养，让孩子从小在温馨和谐的家庭环境中成长，给孩子一个阳光积极的心态，才是真正的富养之道。

专家建议 ●●●

每个人都需要自我认同感，对于成长中的孩子也一样，实际上在很多时候，自我认同感的缺失是父母的教育造成的，比如，从小给孩子贴上了"弱者"的标签，把孩子的缺点当成娱乐的对象，对孩子大加指责等，都会让孩子有一种"无用感"和"自我否定感"，长期在这种心理状态笼罩下的孩子很难有勇气和自信的。

那么，家长该怎样做才能让孩子喜欢自己，然后逐步建立起勇气和自信呢？

建议1　让孩子喜欢自己的性别

这是最基础的，只有先获得身份的认同，才能让孩子以自己的性别身份生存、生活、与人交往，从而赢得一种自我价值的肯定，对那些不喜欢自己性别的孩子，家长一定要采取措施及时引导，案例中的这位母亲就是我们学习的榜样。

建议2　扩大孩子的交友范围，赢得友谊，友谊对孩子极其重要

朋友们认可他，帮助他产生归属感。他们经常分享感兴趣

的事物，陪他打发时光，为他带来快乐，让他建立身份认同。他会想："和这样的人做朋友，我就是像他们一样的人。"真正的朋友在对方遇到麻烦的时候，不离不弃，为之提供支持。换言之，真正的朋友，对于他获得身份认同、建立自信、培养社交能力及给他带来安全感，都是非常重要的——如果他的朋友都是"良友"的话。

朋友几乎就是他个人的延伸。作为父母，一定要明白，拒绝他的朋友，就是在拒绝他本人，这使得你想开口对他说他交错了朋友变得格外困难。如果他的朋友想要破坏你的计划，挑战你的价值观并引发你的担忧，在你采取行动试图将他们排除在他的朋友圈之外前，请一定要慎重考虑。他们可能确实是正常的孩子，只是想挣脱大人的束缚而已。在你禁止任何事情之前，主动和你的孩子交谈，因为禁止可能导致事与愿违的后果。

建议3　告诉孩子：自信源于成功的暗示，恐惧源于失败的暗示

自信源于成功的暗示，恐惧源于失败的暗示。积极的暗示一旦形成，就如同风帆会助你成功；相反，消极的心理暗示一旦形成，又不能及时消除，就会影响一生的成功。

总之，父母是孩子人生路上的导航者，孩子在成长中，难免出现一些负面消极心态，父母要给予及时的排解，培养出一个勇敢、积极的孩子，是父母给孩子一生最好的礼物！

第八章

做孩子天赋的挖掘者：不良行为后隐藏的正能量

为人父母，不但希望孩子成长，还希望孩子成才，所以，挖掘孩子的潜能、发现孩子的天赋，也是家庭教育的重要内容。然而，我们也发现，孩子在成长的过程中，总是会做出一些让家长感到荒唐、可笑甚至是生气的不良行为，可是，你又可曾看到这些行为背后蕴藏的正能量呢？其实，这正是需要我们正视的。我们眼里的孩子是什么样，孩子最终就会长成什么样。儿童心理学家总结过一段话，"父母对孩子的影响是潜移默化的，不仅塑造着孩子的人生观和价值观，还描画着孩子看自己的表情，如果父母眼中的孩子正直自信，孩子就不会辜负这份信任；如果父母眼中的孩子懦弱无能，孩子就会对自己产生怀疑。"所以，对于孩子的任何行为，我们都要辩证地看待，并"支持"孩子的行为，从而挖掘出孩子的潜能。

一、孩子的任何行为，都要辩证看待

我们都知道，爱迪生是举世闻名的电学家、科学家和发明家，他被誉为"世界发明大王"。他除了在留声机、电灯、电报、电影、电话等方面的发明和贡献以外，在矿业、建筑业、化工等领域也有不少著名的创造和真知灼见。

然而，爱迪生在童年时代并不是老师家长们眼里的好孩子，相反，他太调皮了。据说他把几个化学制品放在一起，让佣人吃下去，希望把佣人肚子充满气使其能飞起来，最后佣人昏厥过去。

在这件事发生以后，爱迪生家的邻居们都知道了，他们警告自己的孩子："不许和爱迪生玩。"并且，因为这件事，爱迪生还被他的父亲痛打了一顿，因为他的父亲认为，这孩子太捣蛋了，只有打一顿才能长记性，才会听话，也才不会给自己惹麻烦。除了爱迪生的母亲以外，没有人知道爱迪生为什么这样做。她了解自己的孩子这样做是善意的，是在做好事，只是方式方法出了问题，她并不认同丈夫这种粗暴的教育方式，这样会让孩子失去探索事物的兴趣。

正是他的母亲能够理解爱迪生的行为，爱迪生才保持了爱观察、爱想问题、爱追根求源的天才特质。

心理导读 ◆◆◆

其实不只是爱迪生，综观古今中外的历史，很多天才的天赋之所以能被挖掘，都是因为他们的父母有着一双慧眼，他们的父母能从孩子的一些看似调皮捣蛋的行为中看到积极的一面，能以辩证的态度看待孩子的行为，并挖掘出孩子的潜能。的确，表面看起来，孩子的一些行为是错误的、是要被批评的，但同时背后也蕴藏了积极的一面。他们表面上是在玩耍，甚至样子很可笑或危险，但他们真正的目的却是在尝试其他孩子没有兴趣尝试的东西。

专家建议 ◆◆◆

对于孩子的行为，家长要这样看待：

建议1 解读孩子的行为

有位网友提到一件趣事："邻居家7岁孩子被他爸爸打了，原来这孩子不知道从哪里找来一只受伤的鸟，然后将鸟绑在了炮仗上，然后点着了飞上天，鸟被炸死了。被爸爸妈妈打骂完之后，才知道他的想法，他想把受伤的鸟送上蓝天……"

其实，不少家长在教育中也总是有这样的习惯：对于孩子的行为，自己没有理解，也没有努力去尝试理解，他们还把孩子的做法归为错误的，这是对孩子教育极不负责任的做法，在这样的教育下，孩子能有多大的发展呢？

因此，要善于解读孩子的行为。父母要明白的是，孩子的行为，很多都是对他未知的一种探索，有些事情的做法孩子甚至比大人更有技巧。父母通过解读孩子的行为，明白孩子行为的本来目的，这样便于拿出适合孩子的教育方法。

建议2　换位思考，挖掘出孩子"行为"背后的积极动机

法国儿童喜剧片《巴黎淘气帮》里有这样一群孩子，他们为了让妈妈高兴，就趁着妈妈不在家的时间，想把家里来个大扫除，结果是把家里弄得一塌糊涂，沙发被划破了，地板被擦花了，甚至家里的小猫都"不幸"被扔进了洗衣机，其实不少家庭都发生过这样的事，孩子为了讨好大人，好心办了坏事，因为他们没有生活经验，此时，我们不能责备，而是应该告诉他方法。

建议3　从孩子的行为中开发其潜能

孩子看似一些捣蛋调皮的行为，其实正是他们与其他孩子的区别，也是他们具备某一潜能的体现，不少天才之所以能成功，就是因为他们的父亲或者母亲能看到他们行为后的潜能，知道那些举止是天才诞生的开始，就有意识地支持孩子的行为，帮助他们开发潜能。

总之，我们父母要明白一个道理：解读孩子的行为，就便于更好地教育孩子，天才也就是这样教育成的。也就是说，如果我们能走进孩子内心世界，真正了解孩子的"行为"，去引导，去鼓励，去帮助，去发现，孩子就能健康成长、顺利成才！

二、你剥夺了孩子"做梦"的机会吗

沃森住在澳大利亚的一个海岸边上，她是一个有着梦想的女孩，在她幼年时，她就对航海有一种渴望。很小的时候，她就和家人一起出海航行。后来，她向当地政府提出要独自航海时，却在澳大利亚引发了一场争议，所有人都认为她在做白日梦，甚至连当地海事部门都登门拜访，希望她能取消这样的决定。

然而，沃森却坚持自己的梦想，她的父母也全力支持她，他们相信自己的女儿能做到。当沃森独自完成航海壮举后，面对总理陆克文给予自己"英雄"的赞誉，沃森却说："我不是英雄，我只是一个相信梦想的普通女孩。"

心理导读 ◆◆◆

这里，我们不但佩服沃森的壮举，更庆幸她有如此明智的父母。可见，面对孩子的梦想，父母所做的不应该是抹杀，不是打破，更不能冷嘲热讽，而是要默默呵护，并与孩子一起坚守与实现。

曾经有篇报道称，中国人的创造力不如西方，可能你会不服，但在看完以下这个故事后，你就能明白其中一些道理了：

曾经，在美国，一个男孩对自己的妈妈说："妈妈我想上月球上去玩。" 妈妈微笑鼓励他："去吧！记着早点回来吃饭。"结果这个孩子后来成了第一个登上月球的宇航员，他就是阿姆斯特朗。

　　生活中的家长们，你不妨想想，面对孩子这样的要求，你会怎么回答，想必你会说："别净想那些，好好学习吧！""你是不是脑子进水了？""吃饱撑的吧你？"而多半时候，很多孩子按照父母的想法做了，就这样，他的第一个梦想就被父母扼杀在摇篮里了。再或许，你的孩子按照你的规划慢慢成长着，他也很优秀，最终也很成功，但实际上，你的孩子只不过是你的"傀儡"罢了，他快乐吗？一个没有创造力的孩子，怎能指望他有所建树？因此，请给孩子"做梦"的机会吧。

　　人生因梦想而伟大，任何人，一旦在心底种下梦想的种子，那么，他的人生就会走向光明大道。对孩子来说，梦想有着无穷的魅力，对孩子的成长具有巨大的牵引和激励作用。因此，作为父母，一定要精心呵护孩子的梦想，让孩子插上梦想的翅膀，他才能飞得更高、更远！

　　其实，每个孩子都是天真的，也是敏感的，孩童时期的他们爱"做梦"，父母对他们的态度都影响着他们的一生。如果父母能尊重他们，肯定他们，那么，他们便和超人一样获得无穷的力量。

专家建议 •••

　　在父母对孩子教育的过程中，父母要认识到梦想对孩子的价值，不要在无意间扼杀了孩子那美好的梦想。一个有梦想的

孩子，他的思维和行动与其他人是不一样的，他们往往会说一些大人不理解的话，或者会做一些令大人不理解的事。对此，我们家长要这样做：

建议1　肯定孩子的梦想

实际上，几乎每个孩子都有自己的想法，因此，当老师为他们布置作文——《我的梦想》时，他们总有说不完的话，写不完的内容，而他们的梦想，常常被父母泼冷水。有一个小学三年级的男孩曾对母亲说，长大了我要去人民大会堂工作，而母亲却说："你也不看看你现在的成绩，恐怕将来人民大会堂清洁工的工作你都做不了。"孩子的梦想被母亲的讥讽伤害了。如果这位母亲能像案例中的沃森的母亲那样认真对待孩子的那份梦想，没准孩子以后真的能实现自己的梦想呢。

建议2　鼓励孩子去追逐自己的梦想

自信的产生是自我意识的选择。一个人可以选择成功的自信，也可以选择束缚自己的自卑，这一切全由人自己来决定。

如果你希望你的孩子朝着积极的方向努力，你就要认可并鼓励他追逐梦想："你身上拥有无限的能力和无限的可能性。"这样，当你帮他找到他的强项和优势潜能时，就自然产生了自信。

建议3　注意方法，最好能寓教于乐，开发孩子的潜能

事实上，对于成长期的孩子来说，他们的自我意识尚未成熟，我们最好能寓教于乐，这样，在玩乐中，孩子的智力、想

象力、创造力能被开发出来，进而为以后实现梦想奠定基础。

　　所以，我们父母千万不要剥夺孩子"做梦"的机会，孩子的梦想是否有价值，是否能实现，关键因素在我们父母，关键是看能否得到大人的认同和鼓励。父母尊重孩子的梦想的话，孩子的内心是阳光灿烂的，于是他们也会以积极的心情去学习，按照自己的梦想去努力。因此，不管孩子的言行看起来是多么荒谬可笑，父母都要珍惜孩子的这份梦想，没有人能肯定孩子不会实现自己的梦想，看到孩子可笑的言行，父母一定要引导孩子，要孩子把梦想永远根植在心中，让孩子在梦想中起飞。

三、爱涂鸦的孩子，想象力丰富

　　"莉莉3岁的时候，我给她买了一些彩色蜡笔当做生日礼物，从那天开始，家里的地板和墙上经常都有她的'杰作'，我们并没有骂她，我们认为，孩子还小，涂鸦是他们表达自己情感和天赋的一种方式，刚开始她连笔都拿不好，也只会画出一些线条，心情不好的时候，她就会用力地在纸上画，后来，我们偶尔会带着她去公园或者郊区，让她画自己想画的东西。现在，莉莉已经画的像模像样了。如果她愿意，我们是会支持她继续画下去的。"

心理导读 ◆◆◆

　　案例中的家长是开明的，她能理解孩子的涂鸦行为，并支持孩子。然而，在生活中，有多少父母理解孩子爱涂鸦的行为，孩子把地板画脏了，妈妈马上说："你又在捣乱！"孩子画得不好，家长又打击："宝贝，你这画得乱七八糟的什么呀，真奇怪……"孩子是很敏感的，作为她最亲近的人，父母都这样对待她的"作品"，这对她的心理将会造成很大的伤害，这些消极的声音会严重地打击她的积极性，其实，爱涂鸦的孩子都是想象力丰富的，因为绘画是表达孩子内心的一种语言，绘画是孩子的一种成长方式，所以专家称，儿童的绘画应该是自由的。我们鼓励孩子绘画，其实原本的目的也是开发孩子的想象力、观察力、记忆力、审美能力、动手能力等等，想象力是创造力的基础，而唯有想象力是会随着年龄的增长，生活阅历的丰富而被逐渐束缚、削弱、减少的。家长们可以通过让孩子绘画来发挥他们的想象力，同时保护好孩子们珍贵的想象力。

专家建议 ◆◆◆

　　那么，作为父母，该怎样挖掘并培养孩子的绘画天赋、开发孩子的想象力呢？

建议1　培养孩子的观察力和对色彩的感知力

没有好的观察力，是画不出好的作品的，试想一下，他都看不到美的东西，或在绘画中需要表现的细节，他怎么能画出来呢？

多带孩子到大自然当中去，引导孩子对大自然进行细心的观察，培养他对事物的语言描绘能力、绘画描绘能力和色彩感知能力，能激发他心中的创作灵感。

建议2 培养孩子的想象力

不得不说，不少绘画老师只交给孩子绘画的技巧，而没有激发她们的想象力。

调查发现，对于孩子来说，他们从3～4岁开始，就已经有了丰富的想象力。比如，他们会想象自己的布偶朋友生病了，给他们打针、喂水；想象自己成为动物王国的公主，在森林里玩耍等。

这一切都反映了孩子无处不在的想象力。作为父母，一定要开发和挖掘孩子内在的想象潜能，把这种想象潜能转化为一种智慧和能力。

建议3 无论孩子画得像不像，都要给他恰到好处的赞美与鼓励

我们家长不要认为孩子画得像就是画得好，要知道，只会临摹的孩子是没有什么创造力的。对于孩子的涂鸦行为，我们也不要阻断孩子，扼杀孩子早期的绘画兴趣。

此时，我们要恰到好处地对其作品给以具体的肯定与鼓励，这样能够极大地提升孩子的自信心，增强对艺术的热爱。

当然，鼓励与表扬的语言要具体，比如："你这幅作品的人物的脸画得很有立体感，色彩运用上也朴素大方哦！"

原来对自己并不自信的孩子，听到你的鼓励后，一定会信心十足起来。要相信，任何时候，赞美与鼓励绝对是推动一个人进步的最有利的武器。

当然，即便培养孩子的绘画才能，父母也应该摆正心态。

孩子幼年学画画并不是为了以后当画家，而应该以培养绘画兴趣以及审美能力为主，只有这样孩子才会获得一种可持续的发展。

如果你的孩子对绘画有兴趣，他就会在绘画技巧和绘画欣赏活动上投入较多的精力，并在这些活动中获得身心的愉悦，久而久之，他就会有较高的艺术修养。在生活中养成寻找美、感受美、表现美和创造美的行为，使得自己的生活丰富多彩。

就算孩子真的有绘画天赋，以后也不能保证就会成为画家。

从发现孩子的天赋到成才，需要一个很长的过程。正如卓别林所说："无论天赋有多高，他仍须学习来发挥。"所以只要孩子在绘画活动中有所收获，有所进步，家长的投资就有所值，就有回报。

另外，我们不要当着孩子的面问这一类问题，这样会给他的心理造成相当大的压力，他们会对自己产生怀疑，自己的信心会受到打击，从而丧失学画兴趣和自信心。

四、孩子好奇心重，是爱动脑的表现

小贝今年3岁了，相对于其他同龄的女孩来说，她显得格外活泼。

一个周末，妈妈带她去公园玩，妈妈走在前面，小贝在后面跟着，但走着走着，妈妈发现女儿不见了，于是，妈妈四处寻找，结果发现，小贝在路边的一片草地上专注地玩着什么。

妈妈没有喝止小贝，而是慢慢地走过去，站在她身后。她看见小贝正在用一根小木棍在拨弄着几只小蚂蚁，很专注地看着小蚂蚁的活动。

"宝宝，你在干什么？"妈妈问。

"妈妈，我正玩小蚂蚁。"小贝虽然回答了妈妈，但连头也没回，还是继续观察小蚂蚁。

妈妈心想，孩子这么有好奇心，是一种好的表现。于是，回家后，他给小贝买了一些会飞的小鸟，小贝很高兴。

有了小玩具后的小贝便不痴迷动画片了，她经常专心致志地观察小鸟的各种动作。

一天，妈妈回家后，看到小贝正在拆小鸟玩具，看到妈妈，小贝显得很害怕。妈妈故意板着脸问："你怎么把玩具给拆开了？"

小贝小声地说："我只是想看看它肚子里有什么，为啥会拍翅膀、会叫。"

妈妈很高兴，因为她知道，只有会玩的孩子才会学，培养孩子的好奇心就是培养他们的智力，于是，她鼓励女儿说："宝贝，你做得对，应该知道它为啥会拍翅膀。"听了妈妈的鼓励，小贝高兴极了。不一会儿就把玩具鸟给拆开了，并对里面的结构观察起来。

心理导读 ◆◆◆

这则案例中，小贝的妈妈做得对，会玩的孩子才会学，活泼也是一种气质，每一个活泼好动的孩子，总是具有敏锐的观察力、想象力和思考力，而这些是成才的关键。

那么，生活中，作为父母，当你的孩子缠着你问"为什么"的时候，你是怎么做的？耐心地为他解释，还是批评他多事、厌烦？其实，孩子开始问"为什么"，这表明他们开始展露他们的好奇心。在孩子成长的过程中，好奇心非常重要，这是他们探索世界的动力。父母要学会挖掘、保护孩子的好奇心，鼓励孩子的积极探索与求知。

专家建议 ◆◆◆

人都是充满好奇心的，对于自己不明白的问题，我们总是想探个究竟。这一点，在孩子身上体现得尤为明显。常常会向父母问这问那，但很多父母却对此感到不耐烦，其实他们往往忽视重要的一点，好奇心是促使孩子学习、成长的良机。具体来说，在培养孩子好奇心方面，父母可以从以下几个方面入手：

建议1　孩子发问，就要积极回答，不要挫伤孩子的积极性

如果孩子问你"为什么"，父母不要以"以后你就会明白了"等敷衍塞责的话回应孩子。父母应认识到，好奇是孩子认识世界的起点，如果不予以支持和鼓励，将会挫伤其积极性。

建议2　鼓励孩子大胆尝试

孩子都是充满好奇心的，他们很喜欢尝试，对此，家长因给予鼓励和指导，千万不要打击孩子动手的积极性，即便是做错了，也不要训斥，要积极鼓励和帮助他们树立自信心，排除挫折，远离无助感。

建议3　为孩子提供动脑、动手的机会

生活中，你可以利用孩子好动的特点，为他们多提供动手的机会，比如，他的小玩具坏了，你可以让孩子试着修理，让孩子体验到一种成就感和乐趣。

建议4　让孩子自己寻找答案

孩子对周围的事感到新奇，对于这点，父母应该把探索的机会交给孩子自己，而不是把答案直接告诉孩子。

总之，对于孩子的好奇心，父母应该用正确的态度加以培养，不但要热情地回答孩子的问题，还要创造机会，培养孩子的好奇心，让孩子主动去探索、观察，促进他们求知欲的发展。一时回答不了的问题，不能一推了之，更不能胡编乱造，而应努力与孩子一起寻求正确的答案。

五、用你的表扬来鼓励孩子不断进步

曾经有一位科学家，在他成长的过程中，他的母亲对他的影响很大。

在他很小的时候，一次，妈妈让他从冰箱里拿出一瓶牛奶，但他竟然一不小心把牛奶瓶子弄掉了，就这样，一瓶牛奶撒得到处都是，他害怕极了，生怕母亲会骂他。

谁知道，母亲听到声响后，走到厨房，并没有生气，而是对他说："哇，你制造的混乱还真棒！我还没见过这么大的奶水坑呢，你看，我们要不要做个游戏，看看我们能用多久时间将它清理了？不过我们可以先玩几分钟。"

几分钟后，母亲说："你知道，现在这个混乱是你造成的，你是男子汉，你应该自己摆平这件事。家里有海绵、毛巾，还有拖把，你想怎么处理？"他选了海绵，于是他们一起清理满地的牛奶。

母亲又说："我知道，你肯定不是故意打翻牛奶的，因为你还小，而一瓶牛奶实在太沉了。那这样吧，现在你要不再试一次，看看你能不能重新把这件事做好。我们去后院实验吧。"母亲建议他把瓶子里装满水，然后看看他能不能拿得动，他同意了妈妈的建议，并且再一次将装满水的牛奶瓶抓在手上，这一次他发现，如果用双手抓住瓶子上端接近瓶口的地方，他就可以拿住它。

后来，这位科学家回忆说，他有一位伟大的母亲，他的母亲一直对他采用这样独特的教育方式，这让他从来不害怕犯错误，并且，他的母亲让他认识到，错误只是学习的机会，科学实验也是如此。即使实验失败，我们还是会从中学到有价值的东西。

心理导读 ◆◆◆

故事中的这位母亲的教育方法值得很多父母学习，面对孩子犯的错，她并没有批评，反而夸奖孩子能"制造奶水坑很棒"，这种表扬的方法让孩子愿意寻找方法来弥补自己的过失，正是这种肯定孩子的教育方法，让孩子不害怕犯错，并改正错误、努力进步。

的确，孩子的世界是简单的，他们的情感也是最直接的，作为父母，你给他什么评价，他们就会按照你的评价来做事，比如，如果你赞扬他是个乖巧的孩子，那么，他就会按照你的意愿，处处都表现得乖巧：不说脏话，主动做家务，不与小朋友打架等；相反，如果你说他不听话，那么，他就会骂人、打人，做出一些让人生气的事情来。

因此，在家庭教育中，每一位父母都应该认识到我们的评价对孩子的显然作用，所以，即便孩子调皮、捣蛋、犯了错，也要找出孩子的闪光点，把这个亮点放大，并直接告诉他，他就会向着你期望的目标一步一步靠近。

专家建议 ◆◆◆

那么，作为父母，该如何让表扬犯了错的孩子呢？

建议1　要客观地看待孩子所做的事

无论你的孩子做了什么，你都要从事情本身评价，这样，才能避免因刻板印象而误解孩子。

建议2　多看孩子的优点

教育要严格，并不是说要将孩子批评得一无是处，为此，我们最好从多方面、多层次了解和评价，不能只盯住孩子的缺点。

建议3　多鼓励你的孩子，不能因为一次错误而给孩子贴上永久的负面标签

是孩子总会犯错，父母要给孩子改错的机会，并鼓励孩子，每个孩子都是不断地在犯错、认错、改错中成长的。错误是这个世界上的一部分，也是与人类共生的一部分。父母切不可因为孩子的一次错误而给孩子贴上永久的负面标签。

建议4　不宜过分夸大孩子的优点

父母表扬孩子，赞赏之言可以稍微夸大，这有利于增强孩子的自信心，但是不宜过分夸大。因为过分的夸奖与肯定，很容易使孩子滋生骄傲情绪，不但看不到自己犯的错，反而认为犯错是被允许的，一旦这种情绪产生，再纠正就困难了。

总之，孩子毕竟是孩子，对于别人对自己的评价，孩子会下意识地产生一种认同感，并以此塑造自己的行为。而且，这种评价出现的次数越多，对孩子的心理和行为的塑造固化作用越强，甚至会左右其终生。

第九章

重视孩子成长的敏感期：父母一定要了解的幼儿敏感期

父母都有这样的感触：孩子都是在不知不觉中成长的，似乎我们还没回过神来，孩子就长大了。的确，从呱呱坠地开始，孩子一步步学会了走路、说话、吃饭、写字……孩子是一张白纸，却又如何完成了这些"高难度"的大事的？这是因为自然赋予了正在发育中的生命一种特有的力量。在某段时间内，在孩子的内心产生了一种无法遏制的力量，会对某一或者某类事物产生强烈的兴趣，这时期在教育心理学上被称为幼儿敏感期，这一期间不仅是幼儿学习的关键期，也影响其心灵、人格的发展。因此，成人应尊重自然赋予儿童的行为，并提供必要的帮助，以帮助孩子更完美地成长。

一、孩子都有一个任性的敏感期

"我家宝宝今年两周岁了，之前一直很听话，但今年好像突然开始变得任性和执拗了。我和爱人工作都比较忙，我一般是上夜班，所以晚上我会把宝宝送到爷爷奶奶那里，但不知道为什么，宝宝晚上总是喜欢抱着电子琴的琴套到处跑，我爸妈只好一直跟着他，并且还要抱着琴套才肯入睡，有时候，他忘了带琴套的话，那么一晚上就什么都不肯盖了，一直哭闹不停，对于其他的玩具也是这样，弄得现在他的爷爷奶奶只好一天到晚都背着一大包的玩具跟在他的后面，生怕他夜里醒了突然发现自己的某个玩具不在而哭闹，我真不知道怎么办了。

"还有，宝宝很喜欢在床上吃东西，尽管我跟他爸爸已经说了很多次，这样是不被允许的，但他根本不听，有一次，我们居然发现他把吃剩的橘子皮放到了被窝里，他爸爸发现后，出手打了他，小家伙委屈地哭了很久，我心里也不是滋味。后来，孩子见了他爸爸总是躲躲闪闪的。

"我该怎样纠正孩子的这些任性的行为？"

心理导读 ◆◆◆

其实，案例中孩子的这一表现很正常，这是因为孩子进

入了执拗的敏感期，这个时期的孩子，喜欢想当然地按照自己的意愿行事，尽管有时候这种意愿看起来是"不可理喻"的胡闹，但一旦被拒绝，就会烦躁不安，奋力反抗，大哭大闹，难以平息。也就是说，执拗敏感期的孩子很任性，总是胡闹，我们要换个角度、站在这一时期的孩子的角度去理解他们，对于孩子的合理的要求要尽量满足，一些不能满足的要求，我们也要跟孩子讲道理，让孩子明白缘由。

专家建议 •••

"执拗敏感期"是孩子心理发展的一个必经阶段，这也表明此时孩子的独立意识开始凸显。一般来说，孩子从2岁开始，这一意识就在不断增强，自我意识与他人意识开始逐步分化，常常会不听从父母的建议和指令，变得任性、不听话，有时甚至有了反抗的现象，这就是心理学家所说的"执拗敏感期"。而孩子这一敏感期的爆发高峰期却出现在3~4岁，在这一时期，他们喜欢想当然地按照自己的意愿行事，而且这些行为常常是难以变通，有时甚至到了不可理喻的地步。

然而，在面对孩子出现的一些"反抗"行为，甚至是无理要求时，一些父母因为不了解孩子在这个时期的心理特点，不仅让孩子心理受挫，而且父母自己也很容易走入教育上的"误区"。

那么，我们父母该怎么做呢？

建议1　防患于未然

孩子的任性表现，一般也有规律。父母可以留意观察孩子在什么情况下容易犯拧劲，当这种情况临近时，你可以事先向孩子提出要求，约法三章。比如女儿和祖辈在一起容易任性，那么你带她到姥姥家去之前，就该打打"预防针"。

建议2　说理引导

孩子有些要求是无理的或不能满足的，你应赶紧利用童话、故事等方式，给孩子讲清道理，这常常可以避免孩子任性。但一定要及时。

建议3　激将夸奖

小孩子好胜，更喜欢"听好话""戴高帽"。在出现任性的初期，或者顺向地夸奖他的某一长处，为孩子"转变"找台阶，或者反向地激将，说他"不会怎样，不能怎样"，孩子可能就来了"我能……"的劲。这样，也往往使他摆脱任性的情绪状态。

建议4　注意转移

经常看到这样的情形：孩子常任性地要做不该做的事，大人非要阻拦不可，但说也不听打也不行，一个要干，一个要拦，相持不下局面尴尬。若恰在这时推门进来一个生人或发生一件新奇的事，孩子立刻被吸引过去，就不再任性了。这是因为他的注意转移了。孩子的注意力是容易转移的。你可以在孩子出现任性行为时，利用当时的情境特点，设法把孩子的注意

力，转移到能吸引孩子的一些别的、新颖的事物上去。这一方法在任性初起时更灵。

建议5　冷处理

在孩子任性地耍脾气时，你在料定没什么"安全问题"的情况下，就可以不去理睬他，听任他闹一阵子。等他不闹了再去说理。这种方法需要您一不要太性急，二不要心太软。

建议6　自我强化

比如，孩子不吃饭，拿不吃饭要挟大人。那么好，你就赶快收拾饭桌，让他好好饿一顿。这饿肚子的感觉就是最好的"惩罚"。又比如，没到穿裙子的季节孩子犯拧非穿不可，如果其他办法不管用了，那么就让孩子去穿，受凉挨冻就是最好的教育。采用这一方法，一是要确保后果对孩子身心没多大的伤害，二是大人要狠狠心。

总之，处于执拗敏感期的孩子，需要家长的长期引导，我们要给孩子一些关爱，和他多进行一些交流，尽量满足孩子的合理要求，对于孩子的不合理要求，家长既不能粗暴地压制也不能无原则地妥协，您可以采用冷处理的方式缓解一下，另外尽量不要惩罚孩子，这对孩子的性格的培养是很没有好处的，你对孩子的惩罚只会强化孩子的不良行为。

二、正确看待幼儿审美和追求完美的敏感期

刘太太的儿子小灿今年3岁了，刘太太发现，今年的小灿行为很古怪，事件有三：

刘太太一家晚上睡觉之前有喝酸奶的习惯，但就在前些天的一个晚上，小灿一反常态地说要自己去丢酸奶盒，刘太太也高兴，自然也跟着顺手把盒子扔了，但小灿认为这样做不行，非要刘太太把她的酸奶盒拿出来，然后他自己再扔了一遍，刘太太问他为什么要这样做，他的回答是："如果这件事妈妈也参与了，那么就不是我一个人完成的了，必须由我来做才算是好的。"刘太太心想，原来孩子是有追求完美的心态。

还有一次，刘太太陪小灿画水彩画，当时，花朵的颜色——粉红色没了，刘太太便用玫红色来代替，但没想到小灿将画了一半的画撕了，然后很生气地说："这种花明明是粉红色的，你怎么能随便用其他颜色来代替呢？"然后他就缠着刘太太下楼去买新的颜料。

自从小灿3岁以后，刘太天家里的很多生活规则都由小灿来制订了，比如，不允许家里的大人穿错鞋、穿错衣服、坐错位置，比如有时刘太太穿着小灿爸爸的拖鞋，总是被小灿要求更换，后来，刘太太明白，孩子是进入了审美和追求完美的敏感期。明白这些以后，她能够理解孩子的行为了。

心理导读 ◆◆◆

其实，小灿的这种行为就是孩子进入审美和追求完美的敏感期的表现，对这个年龄段的孩子来说，世界有一种不变的程序和秩序存在，这就是幼儿最初的逻辑关系。所以就会经常出现一些这样的行为：

孩子突然喜欢打扮自己，喜欢按照自己的喜好来穿着，更注重自己的外表了；折纸课上，孩子对于一些有瑕疵的彩色纸很敏感，而且就是不愿意使用这样的纸；孩子好像突然喜欢上了家长的化妆品、高跟鞋……

很多家长难以理解儿童的这种特殊要求，因为这里面隐藏着成长的又一秘密——从两岁左右开始，孩子进入了审美和完美的敏感期。

当孩子进入了这一阶段后，最先发生改变的是他们在饮食上的要求，比如，他们会选择最大的苹果、最圆的饼，薯条必须是不能被折断的等，如果你破坏了食物的完美性，他们就会不要了。

随着对吃的东西的要求，儿童就会发展对用的事物的要求上，儿童开始对自己使用的东西也有一个比较。比如说一张纸的四个角不能有一个是缺的，穿的衣服不能掉一颗扣子，一笔画下去，如果这一笔没有画到他所期望的，这个纸就不要了。这是儿童审美敏感期到来一个很重要的征兆，然而，父母如何引导这一时期的孩子成了他们头疼的问题。

专家建议 ●●●

追求完美是孩子的天性，身为父母的我们要保护他这种苛求成为完美的人的特点，要支持他成为一个严格要求自己的人。作为儿童来说，他们开始追求完美，表明他们的世界开始走向深入和丰富，当他们开始在一些身外之物，比如吃的、穿的、用的上要求完美时，他们也会开始把注意力放到自己身上。

对于女孩来说，她们这一时期更爱美，比如，她们开始对妈妈的化妆品产生浓厚的兴趣，甚至还会拿起妈妈的口红来化妆，会偷偷地穿妈妈的高跟鞋等。等到过了4岁后，她们的审美意识将影响她一生的审美能力，慢慢地，她们也开始挑选环境，开始对品质、艺术作品进行挑选。从这个时候开始，儿童就能敏锐地感知环境和氛围的变化，挑选美好的环境生活、美好的艺术作品欣赏。

孩子5~6岁的时候，就会知道口红不能抹得满嘴唇都是，知道衣服的颜色要搭配等，这是儿童在自我探索的过程中逐渐发现的。在孩子审美能力逐渐螺旋上升的过程中，他们也越来越表现出对良好环境的喜欢。

总之，每个孩子都要经历审美和追求完美的敏感期，他们会突然有很多要求。此时，做父母的很容易失去耐心，因为我们明白，绝对完美的事是不存在的。但如果我们能理解孩子细

腻、追求完美的心，把孩子的要求当作关乎成长的一次机会，就能用心体察孩子的每一次不满，就能理解孩子，并用适当的方式帮助孩子。

三、孩子为什么这么爱"多嘴"

杨太太的儿子叫小宝，今年3岁半了，杨太太发现，从今年开始，小宝好像突然很喜欢说话了，并且，他的问题有很多。

杨太太还记得，小宝在一岁多的时候，好像就会创造性地使用语言了："出玩玩"（出去玩儿）、"不水"（不喝水）、"不狗"（不看狗）、"不孩"（不和小孩玩）……小宝所说的都是一些简单的词语。

两岁多的时候，一次，奶奶带小宝去小区公园玩，他看到两个大一点的哥哥在玩皮球，小宝在旁边看，他突然说："哥哥破。"原来是其中一个小男孩的膝盖不知道在哪里弄伤了。

而到了小宝三岁多时，他的话突然一下子多了不少，爷爷抱着他，看到门上贴的福字，小宝就好奇地指着，意思是想知道这是什么字，爷爷告诉他那是"福"，小宝便马上拽起自己的衣服，他把"福"当成衣服的"服"了。爷爷纠正说是"幸福"的"福"。

一次，小宝对杨太太说："妈妈，等春暖花开的时候，我们就可以出来玩了。"杨太太很吃惊，小宝怎么知道春暖花开这个词语，于是，她问小宝："你知道什么叫春暖花开吗？"小宝回答："就是天气暖和的时候。因为妈妈说春暖花开的时候，我就可以吃冰激凌了。"这就是孩子语言的发展。

心理导读 ◆◆◆

的确，孩子从出生开始，他们的语言发展是有一个过程的，而到了三岁半左右的时候，他们开始对句子表达的意思感兴趣，表现在重复或模仿他人的话。这时，他们总是把大人说的话一遍又一遍地使用在恰当的语境中。这个时期的孩子词汇量增加，口语和书面语言迅速发展。一旦孩子口语变得丰富，就会进入学习书面语言的关键期。

专家建议 ●●●

教育专家称，儿童的语言敏感期具有暂时性，一旦错过就将不再回来。在这一时期，如果家长能让孩子处在良好的语言环境之中，孩子便可以轻松自如地掌握某种语言。但如果错过了这一时期，它将不再回来。

三岁半左右是孩子语言发展的关键期，当孩子的口头语言能力发展到一定水平，他就不再满足于单纯的口语了。孩子常常会指着某一标志问："这是什么字？"这些行为都是孩子渴望识字的萌芽。这时，您要抓住这一语言发展敏感期，把文字

语言工具交给孩子。在孩子的成长历程中，成人知道孩子语言敏感期的表现并适时引导，可有效提升孩子的语言表达能力。具体来说，我们可以做到：

建议1　鼓励孩子在平时表达自己的想法和感受

正是因为孩子处于语言敏感期，所以父母更应积极鼓励孩子说出自己的感受和体验、表达自己的观点，以此来培养他们的语言能力。

建议2　挖掘孩子的语言天赋

我们经常听人们这样说："如果在4岁前没有很好地教育孩子，那么以后再怎样教育都是无济于事的。""在4岁前教会他所应该学会的知识，否则，长大后他会比别的孩子落后的。"这些话虽然不一定正确，但4岁前对孩子教育的重要性却要比我们所意识到的大的多。

当孩子进入语言敏感期之后，其实他们的大脑也在此时有了很大幅度的发育，此时可以说是大脑发育最快的一个时期，到了4岁之后，他们的大脑发育就要减速了。

另外，在4岁之前，孩子的语言天赋已经很好地表现出来。因此，在这一时期，父母除了要教会孩子说话外，还要引导孩子发挥他的这一天赋。如鼓励他朗诵诗歌，讲故事给他听，然后鼓励他复述等，这些都能在孩子语言天赋的基础上，极大地提高他的语言表达能力。

四、如何帮助孩子顺利度过人际关系敏感期

星星今年4岁半了，以前妈妈让他跟别的小朋友一起玩，他总是推辞，往妈妈身后躲，但从今年开始，星星好像完全变了一个人，妈妈带他到公园玩，不一会儿，他就跑到其他孩子身边去了。孩子爱交朋友是好事，但妈妈却担心一点，星星好像并不是很受人欢迎。

今年星星上了幼儿园，但他不喜欢别人碰他的东西，也不喜欢跟人分享，回家后，妈妈问他为什么不愿意跟其他小朋友交换玩具，星星说："那是我的玩具，我为什么要给他们玩？"妈妈告诉星星："要交到好朋友，就要懂得付出啊，你愿意把玩具让给其他小朋友，他们也会愿意让给你，这不是很好吗？"星星若有所思地点点头。

心理导读 ◆◆◆

"结交新朋勿忘旧友，亦如浓茶亦如美酒，情谊之路长无尽头，愿这友谊天长地久。"这是一首儿童友谊歌，每个人都需要朋友，我们的孩子也是更是。那么，在故事中，星星为什么突然喜欢交朋友了？这是因为孩子到了人际关系敏感期。随着他们不断成长，孩子开始学会识自己、形成自我，所以也开始和同伴交往，表达自己的感情。

其实，孩子人际交往敏感期就是从分享食物和玩具交换

开始的。人类友谊的常青藤从幼儿期就开始萌芽了，可是怎么样建立友谊，怎样化解人与人之间的分歧和矛盾，让我们拥有更多的朋友，得到别人的认可，恐怕很多成年人都觉得无所适从。然而当我们还处在儿童阶段就开始了人与人之间的探索。很多家长意外地发现懵懂的孩子在幼儿园已经有了一个属于自己的小群体，这是为什么呢？孩子正处在人际关系敏感期。

这样的过程才符合孩子心理成长的规律。孩子们在一起的玩耍当中，他们的人际关系逐渐建立起来了，他们平等交往着，他们学会了承受、判断、如何与人说话、如何揣摩别人的心理，这奠定了他们人际交往的基础，这段时间对于孩子们来说实在是太重要了，他们需要大人的理解，更需要大人有技巧的帮助。

专家建议 ●●●

那么，父母怎样引导处于人际关系敏感期的孩子交到好朋友呢？

建议1 鼓励孩子在平等的原则上交友

在孩子交友的过程，要教育他们信赖朋友，珍惜友谊，不要轻易地怀疑、怨恨、敌视他人，不允许无故欺侮弱者。

建议2 培育孩子关心他人，爱护他人，助人为乐的高尚情操

孩子无论在学校或家庭里，都有要养成这样的好品德：在家尊老爱幼，在校尊教师、爱同学。因为只有关心别人，才有可能与别人合作。

建议3　如果你的孩子已经交上了朋友，父母要及时给予肯定

比如对孩子说："真高兴你有了自己的朋友，听说你的朋友很棒，你们应该互相关心，互相帮助。"或者说："听说你交的朋友很出色，我很想见见他，你看可以吗？"

建议4　如果你的孩子还没有朋友，则应积极帮孩子寻找

比如鼓励孩子与家附近的孩子一起玩，与同事或同学的孩子一起玩，并适时和孩子讨论他们交往的情况，帮助孩子分析并做出选择。

建议5　要欢迎孩子的朋友到家里来

把孩子的朋友当成自己的朋友一样，采取热情欢迎的态度。当孩子来家里时，父母应该说："我们家来朋友啦，欢迎欢迎。"或者："真高兴我的孩子有你这样的朋友，你们能来太好了！"而且要鼓励孩子认真接待，让孩子的朋友感觉到你对他们的支持和赏识。

需要注意的是，对于孩子和朋友的交往，父母也不能听之任之，使孩子陷入不当的交际圈。而是要充分利用他们喜欢交往的心理，因势利导，正确地引导和帮助他们建立纯真的友谊。

父母要让孩子积极参加各项有益的活动的，但必须得让他们知道哪些朋友是不该交的。如果你对孩子的朋友某个方面很

不满意，就应该当着孩子的面严肃地说出来。

友谊是每个孩子童年的重要组成部分。对孩子们来说，结交朋友似乎是这个世界上最自然不过的事情。毕竟，他们整天待在教室里，一块儿吃午餐，一起在操场上玩耍。然而有时候孩子也需要爸爸妈妈的一点帮助，把天天见面的熟人变成自己的朋友。由于年龄相近、志趣相投、关系融洽、地位平等，同伴群体能满足孩子游戏、友谊、安全、自尊、认同等方面的需要。父母要让孩子明白，友谊是一笔宝贵的财富，要鼓励孩子在周围的生活圈子中多交善友，这会让你的孩子一生受益无穷！

第十章

不要给孩子制造心理雷区：父母是孩子的天

　　我们发现，不少家长在教育孩子的时候喜欢控制孩子的思想，为孩子安排好他们的未来，不允许自己的孩子反驳自己的意见；某件事做得好与不好，态度相差极大；觉得孩子永远都还小，不能自己独立处理事情等。其实这都是家长教育孩子的心理误区。父母的态度会直接影响了孩子的成长，所以，家长想要正确地引导孩子走向成功，还是要有正确的做法。

一、别给孩子贴"笨"的标签

美国有一个家庭，母亲是俄罗斯人，她不懂英语，根本看不懂女儿的作业，可是每次女儿把作业拿回来让她看，她都说："棒极了！"然后小心翼翼地挂在客厅的墙壁上。客人来了，她总要很自豪地炫耀："瞧，我女儿写得多棒！"其实女儿写得并不好，可客人见主人这么说，便连连点头附和："不错，不错，真是不错！"女儿受到鼓励，心想："我明天还要比今天写得更好！"于是，她的作业一天比一天写得好，学习成绩一天比一天提高，后来终于成为一名优秀学生，成长为一个杰出人物。

心理导读 ◆◆◆

生活中，我们常听到这样一句话："说你行你就行，不行也行；就你不行就不行，行也不行。"从心理学的角度讲，这句话有一定道理。一个人的成长，除了先天因素外，种种影响因素中，社会评价和心理暗示起着非常大的作用。而在他们成长的过程中，他们最信任、最亲近的人就是父母，如果父母给他们的评价是正面的，那么，孩子长大后就会自信、开朗、勇敢。所以，专家称，任何时候，我们都不要给孩子贴"笨"的标签，哪怕孩子智力差一点，也要相信通过正确的引导、教育

也一定能进步的。不说孩子"笨"，也体现了对孩子人格的尊重，为人父母者应牢记自己的孩子是聪明的。

的确，对于孩子来说，一句鼓励的话等于巨大的能量，等于成功的荣誉。孩子还小，并不是没有能力，所以，对于孩子来说"成不成为"是一回事，而父母"相不相信"孩子有这样的能力又是另外一回事。当父母相信孩子能力的时候，就会传达给孩子一种积极的信心，对孩子的期望会转化为孩子行为的动力，影响孩子将来的成就和发展方向。因此，千万别用"你真笨"束缚了孩子头脑。

专家建议 •••

陶行知先生说过："你的教鞭下有瓦特，你的冷眼中有牛顿，你的讥笑中有爱迪生。"现代科学已经证实，发育正常的孩子，智力并没有多大差异。俗话说："捧一捧，就灵。"这句话就表明了鼓励对于孩子成长的作用，当然，鼓励并不是一味地说漂亮话，我们还得有的放矢，注意方法和技巧。

建议1　说结果

注意到了孩子整理房间的行为，即使孩子没做好，父母也可以说："我发现你今天已经整理了房间，现在房间焕然一新。做得真好，只是有些地方需要注意！"

建议2　说细节

你可以告诉孩子："你看，你不仅把床上的被子都叠好了，还把桌子上的灰都擦干净了。真是好样的！"你的鼓励表达得越具体，孩子越是能看清楚自己的行为中哪些是对的，越是知道如何重复去做这一正确的行为。而这样，对于你未曾提到的一些行为，他们也就明白自己做得不到位。

建议3　说原因

一次单元测试成绩公布后，你的孩子没考好，在分析试卷时，你不要指责孩子不好好学习，而是对他说："你不是能力不行，也不是基础差，更不是不如别人，是你太粗心了，没审清题意，不然，凭你的智力是完全可以做出来的！"这种有意的错误归因，既维护了孩子的自尊，又增添了孩子的自信心。

建议4　说内在人格特质

父母可以说："看得出来，你是个很负责任的人。"称赞的时候，父母要多谈人格特质，而在做批评时，就该谈行为，而避谈人格特质。

建议5　说正面影响

例如，可以这么说"有你这样的女儿，爸妈觉得很高兴，你真是爸妈的贴心小棉袄，知道为妈妈分担了"。

其实，鼓励孩子也是需要技巧的，大部分父母亲都习惯和孩子说："爸妈以你为荣。"其实这句话的着眼点，应针对人格特质，而非学习成绩或表现。当父母如实说："你这次数学考了满分，爸妈真以你为荣。"这时，孩子会有个感觉，只有满分，爸妈才会"以他为荣"，那万一下次没考好，父母亲就

不再感到骄傲，甚至还可能"以他为耻"。但是换一种说法，强调人格特质就对了："这次你考了满分，爸爸、妈妈发现你很努力，才有这么好的进步，这份努力，爸爸、妈妈很引以为荣。"如此一来，孩子就会知道，只要他努力，不论成绩如何，父母都会引以为傲。

教育子女，是一大学问。至今为止，尚未发现任何方式能够比关怀和赏识更能迅速刺激孩子的想象力、创造力和智慧。孩子都是在不断的鼓励中坚定自己做事的信心的。为此，我们的孩子无论表现多么差，我们也不能给其贴笨的标签，要始终呵护孩子的自尊心和自信心，多多鼓励，让孩子走出精彩的人生！

二、父母的离异对孩子是一个巨大的打击

小小是个很可爱的孩子，他原本生活在一个衣食无忧的家庭里，他的爸爸是一家公司的高管，母亲是家庭主妇。但就在他7岁的时候，命运和他开了个玩笑——他的爸爸妈妈离婚了，原因是因为爸爸出轨，后来，小小由其母亲独自抚养。妈妈把全部希望都寄托在小小身上，要他好好读书，日后成为一个有作为的人。

虽然妈妈对小小寄托了很大的希望，自己省吃俭用供小

小读书，但是小小的成绩总是很差。妈妈想尽一切办法帮助小小，可还是不见起色。后来经过观察，妈妈发现跟自己的家庭氛围有关。妈妈性格内向，加上小小的爸爸妈妈离婚，还有生活的压力，所以总是愁眉不展，因此，家里总是笼罩着一层沉重的气氛。小小的爸爸也偶尔会来看望小小，但和妈妈说不到三句话就开始吵架，在学校的时候，小小也能感觉到周围的人都在嘲笑他，久而久之，小小的心灵也蒙上了阴影，小小也有了沉重的心事。

心理导读 ◆◆◆

对于任何一个成长期的孩子来说，他们都希望有一个完整、和谐的家庭，父母相亲相爱，在这样的环境下成长，他们也才会真正快乐，但父母关系破裂、离婚对于心智尚未成熟的孩子说，确实是一个不小的打击，但父母也有追求幸福的权利，所以，一些父母会产生疑问，难道要为了孩子选择维持名存实亡的婚姻吗？当然不完全是，对于尚能挽救的婚姻，父母要努力经营，但如果到了非要离婚的地步，就要多为孩子考虑，尽量把将带给孩子的伤害减到最小。

专家建议 ◆◆◆

建议1　在孩子面前要表现得宽容，让孩子知道即使父母离婚了也会继续爱他

父母离婚，无论是什么原因，都不要在孩子面前互相抱怨

或者攻击对方，让孩子认为你们之间存在仇恨，你要在孩子面前表现得宽容。父母矛盾不断，只会让孩子感到矛盾，不知道谁是对的，谁是错的，最终会出现情感和行为分裂，使其人格成长受到影响。严重的会导致心理问题，乃至心理障碍和心理疾病。

建议2　对于孩子的教育问题，父母要共同协商

经济方面。孩子要接受教育和培养，就要有物质上的付出，对于这一问题，父母不可推卸责任，也不可因为内心亏欠孩子而溺爱他，这样只会有损于孩子的成长。

孩子成长中的重要事件。对于孩子成长中的诸多事宜，比如：什么时候读幼儿园，小学去哪里读、孩子学习成绩差要不要请家教、大学要读什么专业、以后出不出国等问题，最好都由父母共同协商。

建议3　孩子在学校的活动，父母要经常参加

孩子的学校生活中，少不了一些公共活动，比如家长会、运动会，在家长看来，这可能是无关紧要的小日子，但确实孩子成长过程中的大事，对于这样一些时刻，父母最好都在场。而对于孩子的生日，父母更要与孩子一起庆祝，这样，你的孩子就会明白，父母离异是他们自己的事情，他并没有因此失去父母，要告诉孩子爸爸妈妈都很爱他，也让孩子学会用语言表达自己的情感。

建议4　了解孩子的精神需求

抚养孩子，并不是只给孩子吃饭、穿衣即可，父母尤其是要对孩子的精神层面的需求给予充分满足；一定要抽时间陪伴孩子，哪怕只是陪着他们玩耍（这一点没有离异的家长也经常忽略）。

建议5　离异的父母要充实自己的生活

离异的父母如果不打算再婚的话，最好也有自己的工作或者其他兴趣爱好，也可以找一个伴侣，这样，你才不会因为空虚而把所有精力放到孩子身上，以至于给孩子造成太大的心理负担。也有一些父母认为为了孩子不找伴侣是对孩子好，其实不然。一个没有正常情感生活不快乐的人很难保持自我身心的平衡，不免将自己的不快乐情绪转嫁给孩子，反而不利于孩子的健康成长。

如果一些父母认为自己无法面临离异后对孩子的教育问题的话，可以咨询专业人士，获得他们的帮助，让自己尽快恢复正常生活，才有足够的能力不让孩子承受父母离异的痛苦。只有快乐的人，才能培养出身心健康的孩子。

三、不要放大孩子的“失败”

洋洋是个学习成绩一般的孩子，现在他已经上初二了，马上也要和很多面临中考的孩子一样接受高强度的学习压力。他知道学习的重要性，但每次考试的不理想已经让他没有多少积

极性了。这次，洋洋又考了个不高不低的70分。

这天，他的心情很不好，放学回家后，他就直接进了卧室，连饭都不出来吃。

妈妈一看便知道原因，她并没有责备洋洋，而是耐心地问洋洋："你前一名的同学考了多少分？"

"75分。"洋洋小声地回答。

"儿子，别灰心，下次考试的时候争取超过他，好吗？"妈妈试探着问道。这时候洋洋毫不犹豫地说："行！"洋洋这时在想，区区5分，肯定能超过的。

从那以后，洋洋很努力地学习，不仅上课认真听讲，还按时完成作业，对于自己不懂的问题，他不是问老师就是问同学，终于，在一个月后的会考中，洋洋居然考了85分，连他自己都没有想到。

心理导读 ◆◆◆

洋洋的妈妈是个聪明的家长，面对孩子在考试上的失利，她并没有批评，而是给孩子设置了一个小的目标——超过前面最近的那个同学。这对于孩子来说是很容易达到的目标，结果，洋洋通过妈妈的鼓励和自己的努力，不但成功了，还给了妈妈一个惊喜。

可见，在孩子面对失败的时候，要考虑他们的心理承受能力，要重在鼓励，让孩子从失败中获得教训，进而奋起直追，从而一步步走向成功。

　　而生活中，很多家长看到孩子犯错误就急了，批评起来过火，也不注意场合，就大声呵斥孩子，甚至在很多围观者的面前动手打孩子。有些家长更过分，只要孩子犯了一点小错，就新账旧账和孩子一起算，把陈谷子烂芝麻的事情一股脑的给抖搂出来，以为这样的强刺激对孩子会起到较深刻的教育作用。而家长忘记的是，这样批评孩子，会严重伤害一个孩子自尊。其实，你越过火孩子越反感，并未取得应有的教育效果。反而让你的孩子对你产生严重反感情绪，这时候，你就失去了教育孩子的"武器"——父母的威严。严重的，很多孩子会产生逆反情绪，甚至会反抗父母的教育。

专家建议 ●●●

　　那么，作为父母，该如何让孩子从失败中成长呢？

　　建议1　帮孩子找出失败的原因

　　孩子失败是不可能避免的，我们父母不要大惊小怪，应正确对待，弄清楚孩子犯错误的原因。从年龄角度出发，孩子有犯错误的"权利"。由于他们年龄小，经验不足，辨别能力又很低，再或者缺乏抵制能力和自制能力也是使得他失败的原因。

　　建议2　适当表扬，让失败的孩子重获自信

　　孩子失败后，当他误以为自己走投无路的时候，最需要父母帮助点燃心中的希望，看清自己的潜力。鼓励孩子坚信挫折

只是暂时的，因为绝境与努力无缘。孩子在你的鼓励下就会跃跃欲试，孩子有了成功的体验后，以后就有面对困难懂得尝试的意识了。

建议3 给予尝试

孩子有时会主动拒绝尝试新的或他们曾经无法做好的事，但如果父母帮他们将目标确定成"试一试"，而不是"成功"，孩子的内心就会轻松许多。如果他们被剥夺了尝试的机会，也就等于被剥夺了犯错误和改正错误的机会，离成功之路也就越来越远。父母的聪明之处在于：即便是一次失败的努力，也让孩子觉得从中有所收获。所以当你的孩子拒绝尝试时，父母要及时地给予鼓励，鼓励孩子去尝试，哪怕是一次失败的尝试，如果孩子能在尝试中成功，那就会给他们以成就感，从而获得面对困难的勇气。如果尝试失败了，父母再出面予以帮助，让他懂得面对困难挫折不是退缩，而是勇敢地去解决。

建议4 借助孩子的其他优势来激励他

在某一领域里的充分自信，可以帮助孩子更好地面对来自其他方面的挫败。如果面临挫折，孩子将自己的优点丢在了脑后，父母一定别忘了提醒他，借助优势激励他改变弱势的信心。

总之，作为孩子的父母，不要让你的孩子成为一个弱者，不要让他在失败中不堪一击，不能让他像鸵鸟一样在遇到危险的时候，就把自己的头藏在沙土中以获得心灵上的解脱。这就需要父母掌握好教育的方法，不要在孩子受挫时依然放大他们的失败，相反，应该帮他们重获信心，培养孩子的抗挫折能力和越挫越勇的斗志，应该让孩子时刻记得，放弃就意味着失败，尝试就有成功的可能！

四、别当着外人的面宣扬孩子的过错

有位家长在谈到教育孩子的心得时说：

"有一天晚上，我和女儿在玩学习机，她突然仰起小脸凑到我的脸前说：'妈妈我给你说件事，你以后就只在我面前说我不听话，别在人家面前说我不听话。'说完她就亲了亲我的脸，不好意思地对着我笑。看着女儿，我的心里突然好酸，心情也久久无法平静，她才只有3岁半啊。3岁半的孩子希望妈妈只在她的面前说她、批评她，而不要在别人面前说她不听话，孩子的心是多么的敏感脆弱。我心疼地抱起女儿，向她保证以后不在人家面前说她不听话了。"

心理导读 ◆◆◆

的确，孩子都是渴望得到表扬的，尤其是一些生性敏感的孩子，他们也有自尊心。作为家长，应该时刻注意保护好孩子

的自尊心，不要在众人面前说他们的缺点和过错，不要在众人面前批评他们。因为孩子每一个行为都是有原因的。这是由孩子的心理生理年龄特点所决定的。也许这些原因在成人看来是微不足道的，但在孩子的眼里那是很严重的事情，不了解原因当众批评他，非但不能解决问题反而会使问题变得更糟，使孩子产生逆反抵触情绪，导致对孩子的教育很难继续下去。

英国教育家洛克曾说过："父母不宣扬子女的过错，则子女对自己的名誉就越看重，他们觉得自己是有名誉的人，因而更会小心地去维持别人对自己的好评；若是你当众宣布他们的过失，使其无地自容，他们便会失望，而制裁他们的工具也就没有了，他们越觉得自己的名誉已经受了打击，则他们设法维持别人的好评的心思也就越加淡薄。"实际情况正如洛克所述，孩子如若被父母当众揭短，甚至被揭开心灵上的"伤疤"，那么孩子自尊、自爱的心理防线就会被击溃，甚至会产生以丑为美的变态心理。

专家建议 ●●●

很多家长就产生了疑问："孩子自尊心强，难道孩子有过错就不能指出来吗？"答案当然是不，但是批评孩子也要掌握一定的原则和技巧，不能当众批评。家长应注意一些方式方法：

建议1　低声

家长应以低于平常说话的声音批评孩子，"低而有力"的声音，会引起孩子的注意，也容易使孩子注意倾听你说的话，这种低声的"冷处理"，往往比大声训斥的效果要好。

建议2　沉默

孩子在犯错之后，会担心受到父母的责备和惩罚，如果我们主动说出来，孩子反而会觉得轻松了。相反，如果我们保持沉默，孩子会产生心理压力。

建议3　暗示

孩子犯有过失，如果家长能心平气和地启发，不直接批评他的过失，孩子会很快明白家长的用意，愿意接受家长的批评和教育，而且这样做也保护了孩子的自尊心。

建议4　换个立场

当孩子惹了麻烦遭到父母的责骂时，往往会把责任推到他人身上，以逃避父母的责骂。此时最有效的方法，是当孩子强辩是别人的过错、跟自己没关系时，就回敬他一句，"如果你是那个人，你会怎么解释？"这就会使孩子思考"如果自己是别人，该说些什么"，这会使孩子发现自己也有过错，并会促使他反省自己把所有责任嫁祸他人的错误。

建议5　适时适度

这正如以上说的，不能当众批评，而应"私下解决"，这能让孩子明白父母的良苦用心，尊敬之心油然而生，比如，孩子考试成绩不理想时，家长和孩子坐下来一起分析一下考试失利的原因，提醒孩子以后避免此类情况的发生，就比批评孩子

不用功、上课不认真效果要好得多。批评教育孩子，最好一次解决一个问题，不要几个问题一起批评，让孩子无所适从；也不要翻"历史旧账"，使孩子惶恐不安；更不要一有机会就零打碎敲地数落，结果把孩子说疲塌了，最后却无动于衷。

　　孩子毕竟是孩子，难免会犯错，家长批评一下固然重要，但是家长在批评的时候，千万要注意不要在人多的地方对他横眉立目训斥指责，这会伤害孩子的自尊，在一定的场合也要给足孩子面子。尊重孩子，保护他的面子，掌握批评的方式方法，这对孩子的成长来说是极为重要的！

参考文献

［1］艾伦. 逃离无尽的青春期[M]. 韩鹏，彭艺琳，译. 北京：机械工业出版社，2015.

［2］崔华芳，李云. 如何把握孩子的心理[M]. 北京：中国纺织出版社，2008.

［3］李骥，凌坤桢. 15分钟改变孩子[M]. 北京：中国轻工业出版社，2009.

［4］姜琴珠. 青春期，妈妈陪孩子一起走过[M]. 北京：中国妇女出版社，2014.

［5］金玹址，李愚京. 青春期对了，孩子一辈子就对了[M]. 北京：中国妇女出版社，2015.